平凉市水土保持科学研究所志
（1954—2020）

平凉市水土保持科学研究所　编

黄河水利出版社

·郑州·

图书在版编目（CIP）数据

平凉市水土保持科学研究所志：1954—2020 / 平凉
市水土保持科学研究所编. — 郑州：黄河水利出版社，
2022.5
ISBN 978 - 7 - 5509 - 3299 - 9

Ⅰ．①平… Ⅱ．①平… Ⅲ．①水土保持–研究所–概
况–平凉–1954-2020 Ⅳ．①S157-242.423

中国版本图书馆CIP数据核字（2022）第 088934 号

组稿编辑：王志宽 电话：0371-66024331 E-mail：wangzhikuan83@126.com

出 版 社：黄河水利出版社 网址：www.yrcp.com
　　　　　地址：河南省郑州市顺河路黄委会综合楼 14 层 邮编：450003
发行单位：黄河水利出版社
　　　　　发行部电话：0371‐66026940、66020550、66028024、66022620（传真）
　　　　　E-mail：hhslcbs@126.com
承印单位：河南瑞之光印刷股份有限公司
开本：787 mm × 1 092 mm 1/16
印张：21.5
字数：350 千字
版次：2022 年 5 月第 1 版 印 次：2022 年 5 月第 1 次印刷

定价：230.00 元

平凉市行政区划及河流水系图

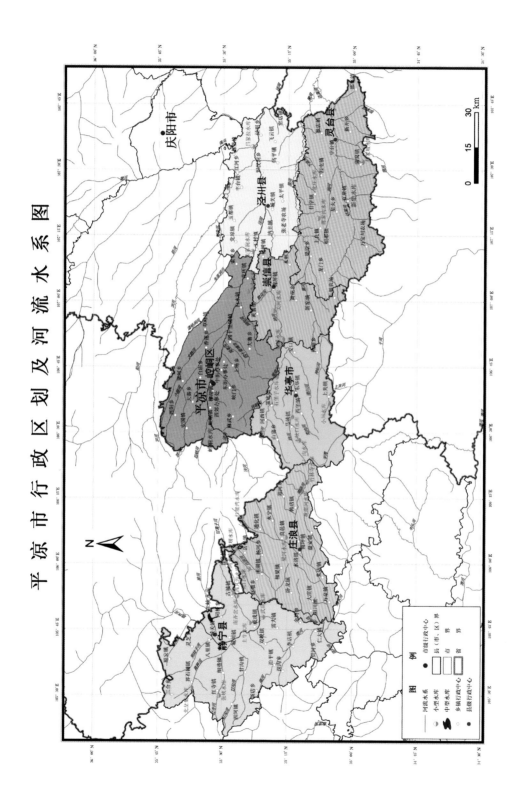

平凉市土地利用现状图

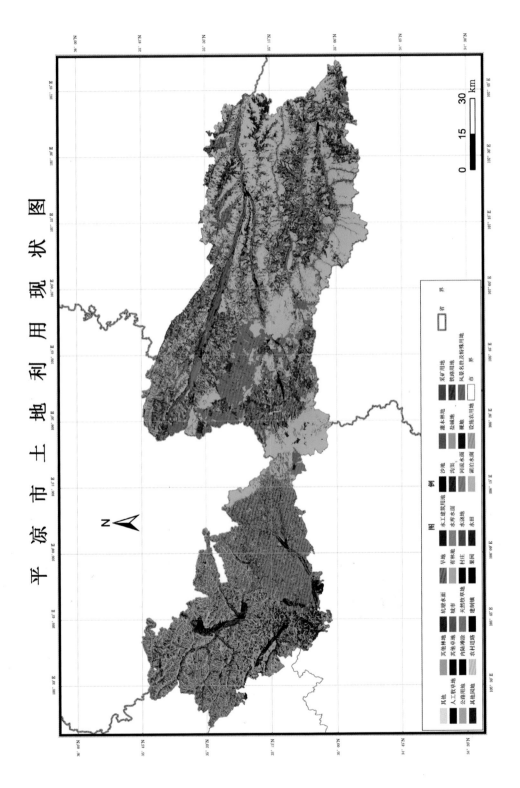

平凉市水土流失现状图

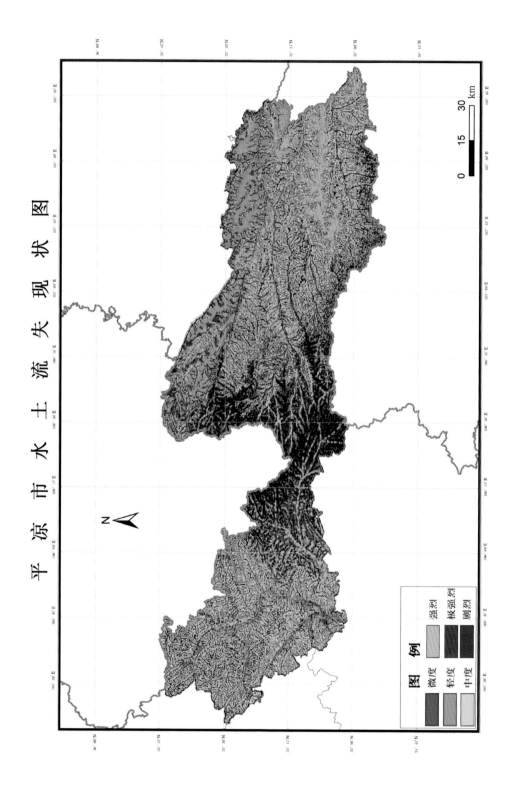

图例

微度
轻度
中度
强烈
极强烈
剧烈

0　15　30 km

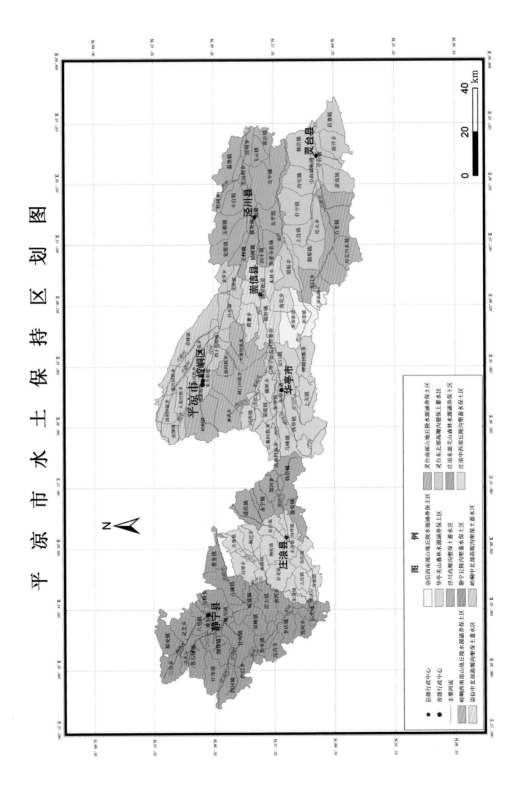

平凉市水土保持区划图

平凉市水土流失重点防治区划分图

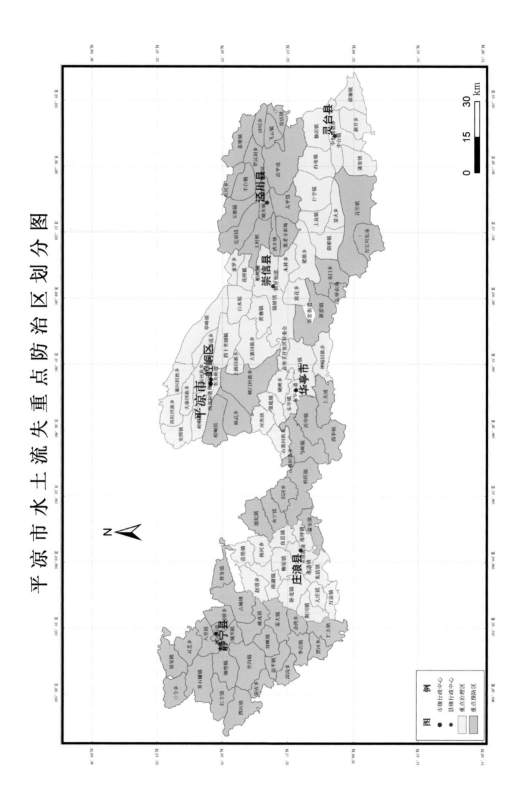

平凉市水土保持科学研究所

平凉市水土保持科学研究所全体干部职工合影留念

《平凉市水土保持科学研究所志（1954—2020）》编辑委员会成员合影留念

《平凉市水土保持科学研究所志（1954—2020）》编辑人员合影留念

所领导班子正在研究谋划工作

党支部成员正在研究谋划工作

甘肃省人民政府授予的"农业科技推广"表彰证书

中共平凉市委、平凉市人民政府授予的
"文明单位称号"证书

中共平凉市委、平凉市人民政府授予的
"科技工作先进单位"证书

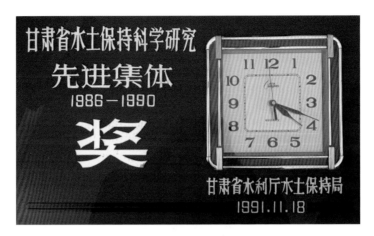

甘肃省水利厅水土保持局授予的
"甘肃省水土保持科学研究先进集体"奖牌

中共平凉市直属机关工委授予的"先进党支部"奖牌

平凉市总工会授予的"模范职工小家"奖牌

赴延安开展革命红色传统教育部分干部职工合影

庆祝建党100周年赴六盘山开展"党史学习教育"主题党日活动

黄河中游水土保持泾川县茜家沟试点小流域综合治理验收鉴定会全体代表合影留念

《庄浪县梯田化建设及开发研究》验收鉴定会全体代表合影留念

国家防汛抗旱办公室主任张志彤、省水利厅副厅长陈德兴
检查纸坊沟山洪沟道治理工程建设

甘肃省原防汛抗旱办公室主任朱建海检查纸坊沟流域防汛工作

平凉市原副市长闫奋明检查纸坊沟水库除险加固工程建设

平凉市原副市长曹复兴检查纸坊沟流域山洪沟道治理工程建设

平凉市原副市长吴镇图来水保科研所检查工作

平凉市水务局原局长王明孝检查纸坊沟水库除险加固工程建设

平凉市水务局原局长李旺军检查纸坊沟八里庙水库库区道路改造工程建设

平凉市水务局原局长徐俊红检查纸坊沟八里庙水库维修养护项目建设

《平凉市水土保持科学研究所志（1954—2020）》

编辑委员会

顾　问：魏柏树　毛泽秦

主　任：宋永锋

副主任：柳禄祥　王学功　李清平

委　员：田　耕　朱立泽　段义字　卞义宁　王立军

　　　　姚西文　牛　辉　王安民　张永忠　吴　昊

　　　　屈风莲　任少佳

主　编：薛银昌

副主编：姚西文

编　辑：王可壮　汝海丽

资料收集整理人员：

　　　　何　倩　韩　芬　冯　虹　李建中　王工作

　　　　豆巧莉　路娅楠　刘会霞　赵　强

序

　　平凉，是一块历史悠久、人文荟萃之地，人类祖先在这片神奇的土地上繁衍生息，创造了先进的农耕文化。千百年沧桑岁月的积淀，熔铸了平凉悠远深厚的历史，极大地丰富了中华民族传统文化的内涵。历史走到今天，平凉在中国共产党的领导下，紧跟时代的步伐，创造了一个又一个辉煌。

　　天时地利人和，方能玉成所愿。值此全国脱贫攻坚取得决定性胜利、全面实施乡村振兴战略、"十四五"胜利开局、开启中华民族伟大复兴中国梦的新征程之际，平凉市水土保持科学研究所编纂的《平凉市水土保持科学研究所志（1954—2020）》志成，这是水保所建所以来的一件大事，可喜可贺！

　　以志载史，传史记事；事中见人，传承创新。平凉市水土保持科学研究所自1954年成立至2020年，走过了66年光辉历程，书写了作为平凉市唯一水土保持科研单位在全市水土流失治理、防洪减灾和科学研究工作中的历史贡献，本志书以翔实的资料历史地再现了这一光辉的发展历程，也从一个侧面反映了自新中国成立以来党和国家对水土保持工作的指导方针、政策和各阶段的治山治水工作成效，彰显了新中国对黄河流域防治水土流失、减轻自然灾害和改善农业生产基础条件的高度重视。

　　平凉市水土保持科学研究所以建设平凉地区第一座防洪拦淤大坝纸坊沟一坝为起点，经过20世纪50年代到70年代的不断探索和持续努力，相继建成了以主沟两座骨干坝为依托，以支沟小坝、塘坝和主沟道淤地坝为补充的纸坊沟流域坝系，是这一历史时期西北黄土高原地区流域治理的典型代表。纸坊沟流域坝系的建成彻底结束了纸坊沟给平凉城区屡次造成灾难的"害沟"的历史，为保障平凉城区的防洪安全做出了积极贡献；变水害为水利，在形成的坝地上开发种植粮食和蔬菜、栽植果树，改善了流域生态环境，提高了流域农业生产水平，增加了群众经济收入，是习近平总书记"绿水青山就是金山银山"绿色发展理念的充分体现。随着纸坊沟大坝的建设，即在艰苦简陋的条件下开展了流域气象水文观测，进行黄土高塬沟壑区典型流域水土流失规律研究，经过几十年持续不断的观测，积累了长系列系统全面的气象水文观测资料。这些工作的开展有力地促进了平凉地区水土保持事业的发展。

自建所以来，平凉市水土保持科学研究所虽在隶属关系、级别层次上几经变迁，人员数量、结构数次增减变化，但是一代代水土保持科技工作者履职尽责、担当使命的初心始终未变，他们扎根在陇东黄土高原，紧扣各个历史时期水土保持工作的主方向，围绕水土流失治理、生态环境建设和经济社会发展要求，坚持艰苦奋斗的工作信念、坚持求真务实的科学精神、坚持不懈的实践探索，在平凉这块广阔的土地上铸就了水土保持科学研究的辉煌历史，承担完成了国家、省部、地厅级各类科研项目60多项，通过鉴定验收60项，获奖57项，其中获国家级奖1项、省部级奖12项、地厅级奖44项，验收3项。特别是"泾川县茜家沟流域综合治理试验示范课题"的研究成果获得了国家科技进步三等奖，是迄今为止小流域治理试验研究方面的最高奖项。他们始终把人才队伍建设作为推进科研事业发展的重中之重，支持鼓励广大科技工作者积极探索和创新研究，在国家级、省部级期刊发表论文162篇，在各类学术会议交流论文35篇。由于科研工作成绩显著，获得了"甘肃省农业技术推广先进单位""平凉市科技工作先进单位"等荣誉称号。

66年来，平凉市水土保持科学研究所的科研工作始终坚持开放、合作和交流，既坚持自主创新研究，又坚持与国内外相关科研院所、高等院校、政府机构和基层单位协作攻关，并长期保持了与科研院校的交流和合作，为科研人员开阔视野、拓展思路和提高水平，为宣传平凉的水土保持事业做了很多有益工作。

平凉市水土保持科学研究所始终把抓好党支部建设放在首位，充分发挥党支部的战斗堡垒作用，积极支持群团组织开展工作，发挥好干部职工的聪明才智，党建统领、精准扶贫、文化体育、学术交流等各项工作取得了良好成绩。先后获得了"平凉市先进基层党组织""平凉市文明单位"等荣誉称号。

欲见大地无穷碧，先保千山一撮土。作为新时代的水保人，要"像保护眼睛一样保护生态环境，像对待生命一样对待生态环境，让自然生态美景永驻人间，还自然以宁静、和谐、美丽"。要坚决贯彻"创新、协调、绿色、开放、共享"的新发展理念，坚持"生态优先、绿色发展，以水而定、量水而行，因地制宜、分类施策"的新方针，坚持"党建统领，人才支撑，科研为本，实干创优"的工作思路，立足陇东黄土高原生态保护和高质量发展的主战场，不忘初心、牢记使命，继往开来、开拓进取，还山以葱茏，复水以清澈，谱写出平凉水土保持科学研究更加壮丽的新篇章。

是为序。

平凉市水务局局长　刘志平

2022 年 3 月

凡　例

　　为了传承和发扬水土保持科学研究所老一辈建设者、科技工作者的历史贡献和创新精神，激励后来者奋发图强，为平凉市水土保持科研工作做出新的贡献，平凉市水土保持科学研究所志编辑委员会经过对相关资料的查阅、征集和整理，历经一年多时间的工作，编纂了《平凉市水土保持科学研究所志（1954—2020）》（简称《所志》），旨在把这些历史记录下来，传播出去，发扬光大。

　　一、《所志》按照有关志书编撰规定编写，坚持"据事直书、科学客观"的原则。《所志》内容紧密结合并突出平凉市水土保持科学研究所的历史沿革和业务工作的特点，如实记述水土保持科学研究事业发展的客观实际，充分反映在坝系建设、防洪减灾、气象水文观测、水土保持及科学研究等方面的成就和经验。

　　二、《所志》以纪事本末体为主、编年体和传记体为辅编写，其结构按章、节编排，节以下分层，用"一、""1.""（1）"序号编排。首立概述、大事记，中设历史沿革及机构设置、队伍建设、群团组织及制度建设、基础设施建设、纸坊沟流域坝系建设、纸坊沟流域气象水文观测与水土流失监测、水土保持科学研究、项目建设与成效、科技咨询与技术服务共9章28节。

　　三、《所志》记述时限从1954年7月建站始，至2020年12月31日止，计66年。

　　四、《所志》编写以单位自建所（站）以来保存的各类档案资料为依据，以在平凉市、崆峒区有关单位及老同志处走访调查和征集的资料为补充，并对相关资料进行相互印证，宁缺毋滥。

　　五、《所志》中录入的人和事总体以发生时间的先后顺序编排，在现有条件下收集了能够收集到的所有资料和信息，但有些人和事或因年代久远，或因资料的散失而难以收集和编录，因此未能完整地反映人和事的细节与全貌。

　　六、《所志》的《人物》一节收录了自建所（站）以来曾经在平凉市水土保持科学研究所工作过的副县级以上职务的领导干部、离退休老同志和在职同志中 1954—1991 年获得中高级专业技术职称的人员、1992—2020 年获得副高级以上专业技术职称的人员。对这些同志都录入了相应的简历、照片、业绩和取得的有代表性的资格证书。对收录人员坚持"生不立传"的原则，凡 2020 年底前离退休和在职人员记录简介业绩、已去世人员撰写传略。

七、凡在平凉市水土保持科学研究所工作过的人员，以表格形式记录于职工队伍一节。

八、对于科技论文，除收录第一作者是本单位同志发表或交流的文章外，参与编写的专著也予以收录。

九、《所志》用词和相关术语，以国家规定和行业通用术语为准；计量单位以国家规定为准，用汉字表述。

十、《所志》中人名除引文外，直书其名，必要时在姓名之前冠其主要职务，涉及外国人名、地名的一律书写中文名，首次出现时，括注其外文原名。

十一、《所志》的"附录"部分收录了曾经在平凉市水土保持科学研究所工作过的老领导回忆录 5 篇，比较全面系统地回顾了作者在负责单位工作期间重大事项的决策、实施以及各项事业的发展情况，是对志书的重要补充。同时，还收录了对市水土保持科学研究所今后工作的展望性文章一篇，提出了未来一段时期的奋斗方向、目标任务和工作措施。

十二、《所志》以志为主，辅以述、记、传（简介）、图、表、录。所使用的图片，有些是事件发生当时记录的，这些照片弥足珍贵；有些是为反映当时的工作地点或场所，编纂《所志》时补拍的照片。

目　录

概　述

平凉市位于甘肃省东部，陕、甘、宁三省（区）交会处，横跨陇山，地处西北黄土高原中部地带的黄河中上游泾渭河流域核心区，是我国黄土高原水土流失最严重的地区之一，也是我国水土流失重点治理区，同时又是陇东陇中地区黄土高原生态安全屏障的重要组成部分。地理坐标为东经105°20′~107°51′、北纬34°52′~35°44′。总土地面积11 169.7平方千米，总人口212.53万人，年降水量467.2~611.5毫米，属于温带季风气候与温带大陆性气候共同塑造的半干旱区域。全市地形东西狭长，中部六盘山高耸，地势由西南向东南倾斜，地貌类型组成复杂，中部及东部的崆峒、泾川、灵台、华亭、崇信五县（区、市）为泾河流域，属陇东黄土高原沟壑区；静宁、庄浪两县为渭河流域，属陇中黄土高原丘陵沟壑区。

据《平凉市水土保持规划（2021—2035年）》统计，全市水土流失面积8 821.8平方千米，占总面积的79.3%；全市年均输沙量达3 102.9万吨，侵蚀模数3 200吨/（千米²·年），其中关山以西葫芦河流域年输沙量为942.9万吨，侵蚀模数为2 900吨/（千米²·年）；以东泾河流域年输沙总量为2 144.1万吨，侵蚀模数为3 400吨/（千米²·年）。按其地域，以关山为中心的土石山区和达溪河以南稍林区由于植被较好，其侵蚀模数在2 500吨/（千米²·年）以下，东北部塬区平均在5 000吨/（千米²·年）以上，西部丘陵区多在2 000~4 000吨/（千米²·年）。境内西部主要河流为葫芦河，是渭河的一级支流、黄河的二级支流，东部主要河流为泾河，是渭河的一级支流、黄河的二级支流。因此，从水系上来说，平凉市对于保护黄河、治理黄河、构筑黄河中游生态安全屏障都具有十分重要的地位和作用。

历史上的平凉，有着"西出长安第一城"的盛誉，是古丝绸之路东段的重镇，素有"陇东旱码头"之称。到了近代，由于战乱和垦荒导致水土流失严重，生态环境严重恶化，农业生产和人民生活遭受严重威胁。1952年10月，毛泽东主席视察黄河时发出"要把黄河的事情办好"的号召，并针对黄河多泥沙的问题指出"必须注意水土保持工作"。同年12月，政务院周恩来总理在"关于发动群众继续开展防旱抗旱运动并大力推行水土保持工作的指示"中强调"水土保持是一种长期的改造自然的工作，应以黄河的支流，无定河、延水，及泾、渭、洛诸河流域为全国的重点"。为全面落实毛泽东、周恩来的指示精神，战胜水患，确保黄河安澜，由水利部、农业部、黄河水利委员会等单位组成中央水土保持综合考察团，在黄河中游地区开展了大规模的水土保持考察和工作检查，制定了水土保持区划。各省区相继开展了水土保持试点，建立了水土保持工作推广站。1950—1954年，在甘肃相继建立了西峰、天水、定西、平凉、兰州水土保持工作推广站。1954年，黄河水利委员会为协助甘肃东部地区开展水土保持综合治理工作，成立了平凉水土保持工作推广站，隶属西北黄河工程局。当年平凉水土保持工作推广站随着纸坊沟水库的动工兴建，在纸坊沟水库坝西建立了纸坊沟水文观测站，即平凉市水土保持科学研究所的前身。

1955年底，平凉水土保持工作推广站并入平凉专区水土保持站；1957年，平凉专区水土保持站并入专署水利局；1961年，随专署水利局并入农建局；1962年，纸坊沟水文观测站划归平凉县管理；1964年，在纸坊沟水文观测站的基础上成立"平凉专区纸坊沟水土保持试验站"，隶属专署水土保持局；1968年，改名为甘肃省平凉专区水土保持科学试验站；1969年，机构下放平凉县，改名为"平凉县水土保持工作站"，隶属平凉县水电局；1973年，恢复并成立"平凉地区水土保持工作站"，隶属地区水电局；1974年，归属平凉地区水土保持局；1975年，改名为"平凉地区水土保持试验站"，归属平凉地区林业水保局；1978年12月，隶属地区水电局；1980年以后，归属地区水利局；1987年，改名为"平凉地区水土保持科学研究所"；2002年12月，平凉地区撤地设市后，更名为"平凉市水土保持科学研究所"。

从1954年建站到20世纪60年代，从纸坊沟流域筑坝淤地、水文观测工作开始到大规模开展治山治水，其间科研试验工作逐步进入起步阶段。60年代初专区在纸坊沟开展了流域治理大会战，同时还组建41人的水土保持专业队，后来由于"文化大革命"开始，水土保持专业队撤销，人员下放回原址。据1966年甘肃省水土保持科研计划记载，下达平凉专区水土保持试验站科研课题共4项。

20世纪70年代，国务院延安水土保持工作会议之后，地区恢复并成立了平凉地区水土保持工作站，后又改为试验站。其间，水保科研工作逐步走上正轨，开展了大量的试验研究工作，科研工作取得了一定成效。总之，这一时期从打坝淤地、水文泥沙观测到流域治理，从机修梯田到梯田丰产再到引种示范推广，承载着平凉水保科研人风雨兼程、艰苦创业的智慧和辛劳，凝聚着平凉水保科研人顽强拼搏、艰苦奋斗的黄河精神，也为以后的水土保持科研工作进行了积极的探索。

从水文观测站到水土保持试验站，机构几经变迁，人员几聚几散，特别是从 20 世纪 60 年代末到 70 年代初单位被下放到平凉县管理时期，单位管辖土地被瓜分，办公设施、科研仪器、试验资料损失殆尽，使水土保持科研工作遭到严重破坏。

纸坊沟是泾河的一级支流，位于平凉市区南部，流域面积 18.98 平方千米，下游横穿平凉城区，水土流失严重，洪水泛滥。历史上屡次遭受暴雨洪水灾害，给平凉城区人民造成极大的人员伤亡和财产损失。尽管在 20 世纪 60—70 年代单位管理层级几经变迁，但对纸坊沟流域的洪灾治理从未停止，建成了以纸坊沟和八里庙骨干坝控上护下，11 座水坠坝、3 座塘坝、1 座小型水库为补充的建设有序、布局合理、功能互补、效益突出的陇东黄土高原根治小流域洪水灾害的坝系工程。自 1955 年纸坊沟骨干大坝建成到现在，纸坊沟流域再未发生过因洪水灾害造成人员伤亡事件，确保了沿岸及平凉东城区十多万人的生命财产安全，彻底结束了纸坊沟为害肆虐平凉城区的"害沟"的历史。

改革开放以来，平凉市水土保持科学研究所内设机构不断健全，职能进一步明确，关系也逐渐理顺。单位实现了整体搬迁，告别了在窑洞、土木房屋办公住宿的历史，职工办公住宿条件得到了极大的改善。同时，这一时期，平凉市的水土保持科研工作进入了快速发展阶段，也取得了骄人的成绩。

进入"十五"规划时期，由于国家科技产业政策的调整，水保科研工作一度出现科研经费短缺、科研项目争取困难、事业发展艰难的局面。平凉市水保科研所广大干部职工解放思想、转变观念，积极探索新形势下水保科研工作的新机制、新思路、新措施，逐步确立了坚持以科研工作为中心，以科技服务与推广、生态环境和项目建设为重点，努力实现由计划科研向市场科研转变，由理论研究向先进农业实用技术的引进与推广转变，由单一课题研究向科技服务、科技咨询、科技成果产业化方向转变，由单纯的以社会效益为主向社会效益与生态效益、经济效益并举转变的"一个坚持、二个重点、四个转变"的新思路，采取了抓科研促生产、抓项目促创收、抓效益促发展的"三抓三促"新措施，推动水保科研向产业化、信息化、现代化发展，工作步伐加快、成效显著，使水保科研工作在课题研究、科技服务与咨询、科技成果产业化等方面有了长足的发展，取得了一批与农业生产、脱贫致富、生态环境建设和水土流失治理紧密结合的科研成果。尤其是纸坊沟流域经过几十年持续不断的综合治理，发挥了巨大的经济效益、社会效益和生态效益。

66年里，平凉市水土保持科学研究所风雨兼程，走过了曲折而艰辛的发展之路。立足水土保持科学试验研究和生产实践前沿，在防治水土流失、保护和合理利用水土资源、减轻洪涝灾害、改善生态环境、发展生产的实践中，探索和创造出了许多治理水土流失、保护生态环境的成功经验和路子，取得了丰硕的试验研究成果，在平凉这块水土流失严重的黄土大地上写下了壮丽的一页，先后承担完成了国家科技攻关项目、省部级科技支撑计划项目、地厅级科研计划项目和国家级、省级科研院所协作攻关项目及单位自列计划项目的科学研究、技术示范推广课题等60多项，通过鉴定验收60项，其中获国家级奖1项、省部级奖12项、地厅级奖44项、验收3项。在国家级、省级期刊发表论文162篇，学术会议交流论文32篇，参与专著编著3部。

平凉市水土保持科学研究所目前为甘肃省三个主体水土保持科学研究所之一，为公益性水土保持科研机构。全所现有职工52人，其中县处级干部5人，科级干部17人，科员2人；有专业技术人员42人，其中正高级工程师2人，高级工程师15人，工程师13人，助理工程师12人；有工勤人员3人。硕士研究生7人，本科20人。

目前，单位内设综合办公室、财务科、水保研究科、生态技术科、林草科技科、径流监测站、水库管理科、灌溉试验站、化验室等9个科（室、站），内设工会、妇委会、学术委员会3个群团组织，科研附属机构有档案资料室，存有综合科技档案2 000多卷，科技杂志30余种。先后购买引进了全自动定氮仪、紫外可见分光光度计、径流泥沙监测仪、树杆液流仪、土壤水分测定仪等科研实验仪器10余套，购置全站仪等测量设备10余套，配备固定翼无人机1架、旋翼无人机1架。

平凉市水土保持科学研究所历经66年时间建立了纸坊沟流域、官山中沟流域、茜家沟流域、堡子沟流域等水土流失治理与科研试验基地。纸坊沟流域从 1954 年建站起就开展气象、水文资料观测，积累了 60 多年的基础资料，为研究水土流失规律和水土资源高效开发利用提供了最基础的科学数据。建成的纸坊沟水蚀监测点是全国水土保持监测网络和信息系统建设在甘肃设立的 38 个监测点之一，属于泾河流域重点治理区水蚀监测点。泾川官山中沟流域是平凉市水保科研所"七五"至"十三五"期间与各类大专院校合作开展科研攻关的试验基地，进行了多年的科学试验，积累了大量的试验数据，为开展小流域水土流失规律和生态环境科学研究提供了基础资料。

为全面贯彻落实中央、省、市关于脱贫攻坚的各项决策部署，自 20 世纪 80 年代起，平凉市水保科研所先后在泾川县窑店乡南头湾村、华亭市河西乡新庄村、静宁县灵芝乡、庄浪县盘安乡等乡村开展帮扶工作，并投入了大量的人力、物力和资金，如期完成了脱贫攻坚任务，取得了一定成效。自 2012 年开展帮扶工作以来，紧扣精准扶贫和助农增收主题，前后帮扶华亭市山寨回族乡峡滩村、华亭市策底镇大南峪村、灵台县西屯镇柳家铺村 3 个行政村，共选派 4 名优秀年轻干部担任驻村工作队长兼第一书记驻村开展帮扶工作。累计帮扶贫困户 159 户，共筹措投入资金 110 余万元，用于帮扶贫困户慰问、金秋助学、医疗保险、健康书屋、春耕生产化肥捐赠，为帮扶村建设养殖场、桥梁、排洪渠、老人院和维修硬化道路等。积极探索实施了科技扶贫路子，在大南峪、柳家铺村开展早半夏、刺五加、构树、林下思壮赤菇等优质水保林草的引种试验示范以及苹果产业技术培训，优化了帮扶村产业结构，提升了农户脱贫致富能力。目前，帮扶过的行政村已全部脱贫。

脱贫攻坚

项目建设受益群众赠送锦旗

　　平凉市水土保持科学研究所的发展离不开各级党委、政府的巨大关怀、支持和帮助，水利部、农业部、黄河水利委员会、甘肃省水利厅、平凉市委市政府、平凉市水务局等领导多次亲临我所对科研工作、水库防汛、项目建设进行视察和指导。苏联专家阿尔曼德·扎斯拉夫斯基、德国柏林自由大学教授沃克尔分别到纸坊沟流域和茜家沟流域考察和开展科学研究工作，与中国林业科学研究院、兰州大学资源与环境学院、甘肃农业大学林学院长期保持交流和合作，给科研人员提供了巨大的帮助和指导。

　　经过全所一代代干部职工的不懈努力，平凉市水土保持科学研究所先后获得甘肃省政府农业技术推广先进单位、平凉市文明单位、平凉市委市政府科技工作先进单位、平凉市直机关工委先进基层党组织、平凉市水务局先进党支部等荣誉称号。

　　回顾平凉市水土保持科学研究所不断成长发展的光辉历史，我们满怀信心展望新时代新征程。我们将以习近平生态文明思想为指导，紧紧围绕黄河流域生态保护和高质量发展战略目标，继续发扬艰苦奋斗、自强不息的光荣传统，坚持"党建统领，人才支撑，科研为本，实干创优"的工作思路，开拓创新，扎实工作，为再造秀美山川生态文明新平凉做出新的更大的贡献！

初夏的泾川县茜家沟流域，金色麦浪与浓绿树林交相辉映，展现出了生态美的和谐画卷。

平凉市水土保持科学研究所志（1954—2020）

大事记

1954 年

3 月，平凉纸坊沟水库（以下简称纸坊沟一坝）动工兴建，1955 年 5 月建成，为全区第一座拦泥、防洪水库，控制流域面积 18.03 平方千米。后经 1961 年、1964 年两次加高和 2011 年除险加固，成为一座保障平凉城区安全的以防洪为主的滞洪调洪型小（1）型Ⅳ等水库工程。

7 月，黄河水利委员会（以下简称黄委会）为协助甘肃东部地区开展水土保持综合治理工作，以黄委会人工〔1954〕第 1379 号文通知成立了"平凉水土保持工作推广站"，编制 65 人，隶属西北黄河工程局领导，县级建制，站址设在平凉市西寺街。平凉水土保持工作推广站以兴建纸坊沟水库为起点，在大坝西侧取土场修建房屋建立"纸坊沟水文观测站"，工作任务是定期观测输水流量和泥沙情况。

1955 年

5 月，纸坊沟水库建成后，纸坊沟水文观测站在平凉水土保持工作推广站的安排下对水库水位、入出库流量、降雨量进行观测，对大坝、输水洞、溢洪道等主要建筑物的沉陷、裂缝等异常现象进行不定期检查、观测和观察、管理工作。

年底，为加强水土保持科研试验和示范推广工作，地委决定设立"平凉专区水土保持站"，并将原属西北黄河工程局的"平凉水土保持工作推广站"并入。为此，纸坊沟水文观测站也转由"平凉专区水土保持站"主管。

1956 年

5 月，平凉专区水土保持站对纸坊沟进行水土保持土地利用长期规划（1957—1967 年），当年冬完成，是全区首次进行的综合治理规划。

7 月，由水利部、农业部、黄委会等单位及苏联专家阿尔曼德·札斯拉夫斯基组成的中央水土保持综合考察团一行 6 人来平凉考察了平凉县纸坊沟和四十铺雷家沟的水土保持重点治理工程。

1957 年

2 月，依据国务院 1956 年提出的精简机构、减少层次、加强领导、提高工作效率的指示精神，平凉专区水土保持站并入专署水利局，设水保科。纸坊沟水文观测站隶属专署水利局主管。

7月24日，纸坊沟流域降暴雨，7小时降雨122毫米，最大强度为2毫米/分，洪峰流量达到158米³/秒，纸坊沟水库坝前水深20.6米，泄水洞、溢洪道全部出水，但下游无群众伤亡，有效地保证了平凉城区安全度汛。

是年，甘肃省农林厅厅长贺建山来纸坊沟调查农田建设和荒沟荒坡种树种草情况。

1959 年

是年，北京大学自然地理系教授张明哲带领自然地理系十余名临毕业学生到纸坊沟流域进行实习和考察，回校两个月后寄来了5份成果资料。

1961 年

是年，专署水利局并入专署农建局，纸坊沟水文观测站隶属专署农建局主管。

1962 年

7月，由于受困难时期机构精简、人员下放的影响，平凉专署农建局决定：将纸坊沟水文观测站连同人员、设备下放平凉县管理。这一时期出现了水土保持机构过度精简的情况。

是年，黄委会主任王化云到纸坊沟流域视察，询问纸坊沟水库防洪安全及水文观测工作情况，指出要加强这方面的工作。

1964 年

1月，随着国民经济形势的好转，水土保持机构也逐步恢复和发展，专署决定收回纸坊沟水库的管理权限，在纸坊沟水文观测站的基础上成立"平凉专区纸坊沟水土保持试验站"（以下简称"专区水保站"），孙克禄任站长。

由于纸坊沟以前修建的水保工程遭受严重破坏，7月15日，30分钟强降雨达90.6毫米，顷刻间，山洪暴发，诸沟汇流，大量泥沙下泄，给平凉城造成重大损失，倒塌房屋1 472间，总计损失达70万元。

11月，平凉专署、平凉县组成纸坊沟流域治理"会战指挥部"，专署副专员鱼连波、平凉县县长薛维亮分别任正、副指挥，组织专署和县机关工作人员、企事业单位干部职工、学校师生和城镇居民共 7 500 多人，组成 7 个团，汇集在二沟以下两岸 5 平方千米面积上会战七天，修建水平台、水平沟和鱼鳞坑。专区水保试验站负责规划设计和施工技术指导。

1965 年

年初至 1966 年，经省、地水保局和劳动局批准成立"专区水保站水土保持专业队"，先后招收工人 41 名，主要从事纸坊沟水库周围的水土保持工作。

1966 年

3 月，平凉县纸坊沟八里庙水库（以下简称纸坊沟二坝）开工兴建，工程由平凉专区水土保持试验站负责设计并组织施工，坝址位于平凉县峡门公社二沟大队，控制流域面积 13.5 平方千米，工程于 1967 年 6 月竣工。后经 1974 年、1981 年两次加高和 2009 年除险加固，成为一座滞洪调洪小（1）型Ⅳ等水库工程。

夏收后，专署水保局蒋心肇、专区水保站李禄在平凉县柳湖公社土坝大队南台生产队开展兴修梯田试验，试用水平仪方格法测量，进行土方平衡，确定开挖线，既节省工时，又减少土方搬运量，修成水平梯田 33.5 亩。

1968 年

4 月 13 日，经平凉专区革命委员会以平革组〔1968〕040 号文批准，"甘肃省平凉专区水土保持科学试验站革命委员会"正式成立。

10 月，由于水保专业队人员生活不能自给，经专区、县革委会常委会研究决定，"平凉专区水保站水土保持专业队"撤销，人员回原址。

1969 年

年初，由于受"文化大革命"前期精简、下放政策的影响，平凉专区革命委员会决定将"平凉专区水土保持科学试验站"连同机构、人员下放给平凉县管理，更名为"平凉县水土保持工作站"，隶属平凉县农业学大寨服务站主管，后归属于平凉县水电局主管。

1970 年

是年，平凉县决定在纸坊沟水库西侧修建火葬场，将县水土保持工作站 12 间房屋、10 孔窑洞划拨给拟建火葬场作为办公住宿用房。同时，还划拨土地 4 000 多平方米给平凉县修建火葬场设施用房，下剩三分之一土地、12 间房屋作为县水保工作站办公用房。

1972 年

7 月 14 日，平凉县革命委员会生产指挥部以平革生发〔1972〕256 号文批复决定：将纸坊沟二坝移交峡门公社二沟大队代管。

11 月 10 日，平凉县水土保持工作站、县水电局、峡门公社、二沟大队共同参与办理了交接手续，明确了代管事项及责任，并签订了代管交接书。

1973 年

4 月，国务院在延安召开黄河中游水土保持工作会议，会议发出了"大力加强水土保持工作，为在三至五年内改变农业生产面貌而奋斗"的号召，并提出了"以土为首，土、水、林综合治理，为发展农业生产服务"的方针。

7 月，平凉地区革委会决定撤销"平凉县水土保持工作站"，恢复并成立"平凉地区水土保持工作站"（简称"地区水保工作站"），隶属地区水电局主管。

9 月 23 日，地区革委会以平革政干〔1973〕102 号文决定：孙作德任地区水土保持工作站革命领导小组组长。

是年，地区将纸坊沟列为小流域综合治理重点。

12 月，收回了于 1972 年 11 月下放给平凉县峡门公社二沟大队代管的八里庙水库管理权，归地区水保工作站管理。

1974 年

7 月，经中共平凉地区直属机关党委批准，地区水土保持工作站成立党支部，孙作德任支部书记，归属平凉地区水土保持局管理。

1975 年

3 月，平凉地区水土保持工作站更名为"平凉地区水土保持试验站"（简称"地区水保试验站"），下设人秘、科研、生产、机械4组。孙作德任支部书记兼站长，归属平凉地区林业水保局管理。

8月27日，地区林业水保局用平凉地区水保试验站纸坊沟一坝坝地16亩兑换纸坊沟沟口台地16亩，用于平凉地区林业水保局修建办公用房及家属住宅。

1976 年

2月16日，甘肃省科学技术交流站召开全省农业推广"统筹法"经验交流会，讲解"统筹法"、"优选法"基本知识，地区水保试验站派人参加了会议。

年初，按黄委会黄河中游治理局安排，在纸坊沟开展了机修梯田试验。

1978 年

5月4日，水电部、黄委会水保处、省水利厅水保局等领导来地区水保站检查指导工作，要求对纸坊沟做好综合治理规划，把纸坊沟建成水土保持综合治理模范沟。

6月8日，平凉县革委会以知字〔1978〕85号文成立了"纸坊沟流域治理领导小组"，任命平凉县林业水保局局长卜进才为组长、地区水保站站长孙作德任副组长、地区水保站技术干部孙吉定为成员之一。要求尽快研究落实治理措施，具体安排施工，抓紧治理。

9月23日，平凉县峡门公社二沟大队第五生产队强行抢耕地区水保试验站管辖的八里庙水库（二坝）坝地66亩[①]（建坝时征用91.31亩）。

9月27日，地区水保试验站将生产队抢种情况及二坝的防洪安全情况专题上报平凉县革委会请求协调处理，但至今未作处理，坝地仍由村社耕种。

12月，平凉地委决定将地区林业水保局的水保业务并入地区水利电力局，随即，地区水保试验站由地区林业水保局主管划归地区水电局主管。

1979 年

2月27日，地区水电局决定：将地区水保试验站4台东方红75推土

---

① 1 亩 =1/15 hm² ≈ 666.67 m²。

机及 8 名机械组职工一同调拨给地区水电局水利工程队。

5 月 16 日，给水利工程队调拨推土机各种零配件 120 种 924 件，总价值 8078 元。1996 年 5 月，经行署国资局批复，同意对无偿调拨的拖拉机、推土机配件价款进行账务处理。

9 月，省水利厅水保局、地区水保试验站、平凉县林业水保局联合调查组完成了省列重点小流域"平凉县纸坊沟流域治理调查报告"。

10 月，省水利厅水保局、地区水电局、地区水保试验站、泾川县林业水保局联合调查组完成了省列重点小流域"泾川县二郎沟流域治理调查报告"。

12 月，平凉地委决定：孙秉义任地区水土保持试验站站长。

1980 年

6 月 12 日，平凉地委决定任命孙秉义担任地区水土保持试验站党支部书记，免去站长职务；雷玉堂任地区水土保持试验站站长。

1981 年

4 月 23 日，平凉地区编委平地编〔1981〕05 号文批复同意地区水保站内部机构设立："办公室、研究室（不分一、二研究室）、试验场"。孙秉义任党支部书记，雷玉堂任站长。

9 月，对八里庙水库（二坝）进行加高，11 月 30 日竣工，共完成土方 26 120 立方米，完成投资 4.4 万元。

1983 年

1 月 10 日至 22 日，甘肃省水利厅水保局在平凉召开水土保持试验研究和评议会议，各地区试验站负责人及科研人员参加了会议。会议期间，省水保局局长李效民带领参会人员参观了地区水保试验站在泾川官山开展的"中沟小流域水土保持林配置与效益研究"课题和平凉"纸坊沟流域水土流失规律研究及流域治理"课题研究情况，对取得的科研成果给予了充分肯定。

年初，地区水保试验站在全站试行"办公室工作人员岗位责任制""科研课题承包责任制""生产责任承包合同制""人员招聘制"四项改革措施，做到了任务到人、责任到人、有奖有罚，进一步提高了工作效率，受到了省、地有关部门的表扬。

11月29日，平凉地委决定任命孙秉义担任地区水土保持试验站党支部书记，朱瑞英任站长，熊启基任巡视员。原任站长、副站长职务同时免除，不再办理免职手续。

1984 年

4月17日，平凉地区编委平地编〔1984〕011号文批复同意地区水保站内部机构设办公室、技术研究推广科、试验场。

1985 年

7月，为彻底解决全站职工办公和住宿用房紧张问题，地区水保试验站经与纸坊沟社多次协商并经上级有关部门批准，两次用纸坊沟一坝坝地34.5亩兑换纸坊沟社（通讯站门前）台地9亩作为兴建办公实验楼基建用地。

11月，结合纸坊沟小流域水土流失规律研究课题，地区水保试验站对纸坊沟流域1955—1982年观测的水文泥沙资料经整编后刊印成书。为平凉市气象水文研究、生态环境保护、交通运输和城市建设、工农业生产等积累了重要的参考资料。

1986 年

12月，平凉地委决定任命韩效忠为平凉地区水土保持试验站党支部书记，免去孙秉义平凉地区水土保持试验站党支部书记职务。

1987 年

7月7日，德国柏林自由大学教授、联合国教科文组织德国委员W·沃尔克来平凉地区考察了由地区水保试验站主持完成的"泾川县茜家沟流域综合治理试验示范课题"及试点流域综合治理情况。

8月28日，经平凉地区行政公署以平署发〔1987〕085号文批复同意，将地区水土保持试验站更名为"平凉地区水土保持科学研究所"（简称"地区水保科研所"）。内设办公室、技术研究推广科（含资料室、化验室）、试验场。

9月，平凉地区编委平地编〔1987〕08号文通知核定地区水土保持科学研究所定编60人，要求单位必须严格执行，不许突破，不许超编制进人，不许编外使用临时工。

9月26日，地区水保科研所主持完成的"泾川县茜家沟流域综合治理试验示范课题"在泾川县顺利通过鉴定验收。该课题1988年获甘肃省科技进步一等奖，1989年获国家科技进步三等奖。

11月，地区水保科研所新建的1700平方米办公实验楼落成，全所干部职工从纸坊沟一坝西侧老所址搬迁到新所址办公，从此结束了建站以来干部职工在土木结构房屋和窑洞办公住宿的历史。

1988 年

1月，为了加强科研学术交流活动，地区水保科研所决定成立"平凉地区水土保持科学研究所学术委员会"。

1990 年

2月，由于地区水保科研所"七五"期间在技术研究推广工作中成绩显著，在全省科技兴农工作会议上被甘肃省人民政府授予"农业技术推广先进单位"称号。

4月25日，水利部水土保持司副司长郭廷辅一行来地区水保科研所调研，同科技人员就振兴水保科技、推广技术成果、提高水保科研水平等方面的问题进行了座谈，他指出：水保事业的地位能否提高，关键在科研。

10月，地区水保科研所为解决离退休人员及部分职工住房困难而修建的1400平方米住宅楼工程正式竣工。离退休人员及部分职工于1991年由位于一坝的老所址搬迁到新所址修建的住宅楼居住，解决了职工住宿、就医、子女上学的困难，从而结束了自建所（站）以来职工家属远离城区居住土坯房的历史。

10月，地区水保科研所派张淑芝参加了由中国地球物理、地震、天文、地质、水利等15个全国性学会共同发起的在北京召开的全国减轻自然灾害研讨会，宣读了与其他科研人员合作撰写的《梯田是干旱山区抵御旱洪灾害确保粮食稳定高产的基础》一文，该文被收入公开出版的《中国减轻自然灾害研究》一书。

1991 年

6月，西北林学院30多名师生及日本协力事业团3名专家和北京林业大学 60 多名师生来地区水保科研所参观、指导和实习，进行技术理论和实践工作经验交流，相互学习、共同提高，并确定地区水保科研所为该院、校的长期实习点。

12 月，省水保局在关于表彰奖励"七五"期间全省水土保持科研先进集体、先进个人的决定中，授予平凉地区水保科研所"茜家沟流域水土保持综合治理试验示范"课题组为"七五"期间全省水保科研先进集体。

1993 年

3 月，为顺应社会主义市场经济形势大力创办经济实体提高自我发展能力的需要，经地区水利处平地水人〔1993〕20 号文批复同意，地区水保科研所成立"平凉地区水土保持科技咨询开发公司"，为股份制企业，行政上与水保所脱钩，实行独立核算、自负盈亏。该公司于 1997 年 12 月注销。

1994 年

春，为给创办经济实体提供便利条件，地区水保科研所在南门什字购买土地 108 平方米，总投资 32 万元，于 1995 年建成 216 平方米砖混结构的两层楼房，并决定由科级干部何克荣领办（两名职工参与）"南门饭庄"，开展第三产业服务工作。

1995 年

9 月，所长朱瑞英退休，平凉地区水利处指定副所长李林祥主持地区水保科研所全盘工作，到 1997 年 11 月新任所长到任后为止。

1996 年

7 月 26 日 19 时 30 分至 27 日凌晨 5 时，平凉地区降雨量达 153.3 毫米，最大强度为 2 毫米 / 分，遭遇有气象资料记载以来的最大暴雨，暴雨袭击了纸坊沟流域，造成一坝、二坝和高庄坝不同程度出现险情，库内水位急剧上升，尤其是高庄坝和二坝险情严重，地、市领导得知险情后，行署专员丁国民、平凉市长张和平及行署水利处领导等亲临现场指挥抢险，经地区水保科研所领导及防汛抢险人员全力抢险，及时排除了险情。

12 月 25 日，平凉市委、市人民政府授予地区水保科研所"文明单位"称号（县级）。

1997 年

9月，为了改善职工的住宿条件，解决部分职工的住房困难问题，地区水保科研所经反复讨论后决定修建7层2个单元28户总面积2 692平方米的职工住宅楼。经地区计划处以平署计发〔1997〕211号文批复立项。该工程1998年进入修建实施阶段，1999年工程竣工验收后正式交付使用。

11月，平凉地委组织部任命叶长青担任地区水土保持科学研究所所长（副县级）。

1998 年

7月6日，地区水保科研所主持完成的"庄浪县梯田化建设及开发研究课题"在庄浪县顺利通过水利部组织的鉴定验收。鉴定认为：该项目是"一项居国际领先水平的水保工程，其科研课题项目在国内同类课题研究中居领先水平"。该课题1999年获甘肃省水利厅水利科技进步特等奖、甘肃省科技进步二等奖。

1999 年

6月，平凉地区机构编制委员会平地编〔1999〕10号文批复同意地区水保科研所增设"综合经营办公室"。

2000 年

3月，根据《甘肃省事业单位登记管理暂行办法》，地区水保科研所经反复讨论，并经行署水利处批复，制定了《平凉地区水土保持科学研究所组织章程》，这是地区水保科研所建所（站）以来的第一部组织章程。

7月，平凉地委组织部决定任命曹轶杰为平凉地区水土保持科学研究所所长（副县级）；免去叶长青所长职务。

2002 年

12月，平凉地区撤地设市，"平凉地区水土保持科学研究所"更名为"平凉市水土保持科学研究所"（简称市水保科研所）。

2003 年

3月，为解决单位经费困难、职工政策性补贴发放不全的问题，按照国家和省、市有关科研事业单位改革精神，决定开展科技服务与咨询工作，并制定了《平凉市水土保持科学研究所抓科研促工作激励办法》。

7月，市水保科研所被列为全市7个扩大事业单位人事制度改革试点单位之一。按照试点工作安排，市水保科研所制订了《平凉市水土保持科学研究所实行聘用合同制管理实施方案》，经市人事局批复，在市水务局党组的直接领导下，历时5个多月圆满完成了试点单位人事制度改革各个阶段的工作任务，达到了预期目的，取得了较为明显的成效。

7月，市水保科研所申请办理了"水土保持方案编制资格证书（乙级）"。

11月，平凉市机构编制委员会以平市机编〔2003〕76号文批复同意市水保科研所增设"工程技术科"。

2004 年

1月8日，平凉市水务局以平水人发〔2004〕3号文通知曹轶杰任平凉市水土保持科学研究所所长（正县级）。

5月20日，平凉市人民政府副市长闫奋民在市水务局纪检组组长张力军陪同下来市水保科研所对纸坊沟三座水库进行汛前安全检查，要求市水保科研所高度重视防汛安保工作，确保平凉城区安全度汛。

10月，市水保科研所为适应创办经济实体和科技服务工作需要，注册成立了"平凉市水利水保工程技术服务处"，为集体制企业，并申请办理了"开发建设项目水土保持方案编制资格证书（乙级）"，2005年8月取得省建设厅颁发的"水利工程设计丙级资质证书"。

2005 年

8月，市水保科研所决定向市国土资源局申报办理三处地段国有土地使用权证。其中：南门巷商业裙楼建筑面积216平方米、占地面积108平方米；市水保科研所办公和住宅区面积共12.25亩（折合8 167.08平方米）；原单位（一坝）旧址面积12.9亩（折合8 600.43平方米），其中两个院落约9.3亩，山地3.6亩（原火葬场后门处）。于2007年办理结束，共办理国有土地使用权证6宗，南门十字商业裙楼房产证1宗。

2006 年

10 月 10 日，平凉市委、市人民政府授予平凉市水土保持科学研究所"全市科技工作先进单位"荣誉称号。

2007 年

7 月，平凉市人民政府以平任字〔2007〕16 号文决定任命柳喜仓为平凉市水土保持科学研究所所长，免去曹轶杰所长职务。

12 月，省、市防汛指挥部领导及专家对八里庙水库防洪安全进行了检查，检查中对影响水库安全运行和防汛抢险工作的上坝道路给予高度重视，认为水库防汛安全是关系到平凉城防的重中之重，要求近期尽快拓宽改建上坝道路，以利水库管理和防洪抢险。市水保科研所于 2009 年在资金到位的情况下，完成了上坝道路拓宽改建工程。

2008 年

5 月 12 日，四川汶川地震，市水保科研所全体职工积极响应市委、市政府号召，先后三次为灾区捐献衣物 97 件，捐款 19 250 元。

9 月，为了进一步拓宽科技咨询和科技服务领域，加大科技创收力度，市水保科研所和省水保局协商，注册成立了"甘肃省水土保持工程咨询监理公司平凉分公司"，当年即正式启动运行。2017 年 12 月公司注销。

2009 年

2 月 23 日，总投资 438 万元的八里庙水库除险加固工程开工建设，当年完成全部工程内容，并于 2010 年 5 月通过了省水利厅组织的竣工验收。

年初，平凉市水保科研所与中国林科院森林生态环境与保护研究所、中科院水土保持研究所、甘肃祁连山水源涵养林研究院的协作课题"西北典型区域基于水分管理的森林植被承载力研究"在科技部立项。该项目总投资 326 万元，其中平凉市水土保持科学研究所承担的"甘肃泾川中沟流域和黄土区基于水分管理的植被承载力"子课题，实施经费 31 万元，实现了院所联合搞科研的历史性突破。

8 月，平凉市水土保持科学研究所筹措资金 60 万元对办公实验楼进行室内维修改造，同时实现宽带光纤接入，建成多媒体会议室，更换了桌椅板凳并配备电脑、书柜等设施。该维修改造工程于当年 12 月完工并通过验收。

2010 年

平凉市出现有气象记录以来的最强降雨。7 月 22 日 8 时至 24 日 9 时，崆峒区降雨量为 174.2 毫米，23 日 24 小时降雨量 159.7 毫米，造成纸坊沟内三座水库不同程度出现险情。尤其是一坝泄洪洞竖井被树木和杂物堵塞，水位快速上涨，险情严重，所领导带领全体职工及时清除了被洪水冲到泄洪洞竖井内的树木及杂物，排除了险情，确保了三座水库安全度汛和平凉东城区人民生命财产安全。

9 月，全国水土保持监测网络和信息系统建设二期工程中的"甘肃省水土流失重点监测点"项目在纸坊沟径流监测场建成，并通过了省、市行业部门的检查验收。

10 月 1 日，德国德累斯顿科技大学卡尔·海因茨·费加教授（博士）（Prof.dr.karl-heinz fegar）、凯·施维茨博士（Dr.kai schwärzel）和中国留学生张露露博士等对平凉纸坊沟流域及泾川官山试验基地进行了实地考察，并签署了合作协议，联合开展了"中国西北泾河流域土地利用和气候变化对水资源的影响"研究课题，使平凉市水土保持科学研究所的科研事业与学术交流迈出了国门，走向了国际间科技合作。

2011 年

2 月 26 日，总投资 448 万元的纸坊沟水库除险加固工程正式开工建设，当年完成了全部除险加固工程内容，并通过了省水利厅组织的竣工验收。

4 月，平凉市人民政府免去柳喜仓平凉市水土保持科学研究所所长职务，平凉市水务局指定副所长毛泽秦主持工作至 2012 年 3 月。

2012 年

3 月 6 日，平凉市人民政府副市长曹复兴、平凉市水务局局长李旺军一行来市水保科研所调研，同科技人员就贯彻中央 1 号文件精神、加大科研成果推广力度、如何为建设生态平凉做贡献进行了座谈交流，指出：今后十年中央水利投资要达到 4 万亿元，市水保科研所要把握机遇，多上课题、上大课题。

3月，平凉市人民政府任字〔2012〕4号文决定任命李友松为平凉市水土保持科学研究所所长。

3月，市委决定：将市水保科研所帮扶点调整为华亭县山寨乡峡滩村，实施精准扶贫。5年共投入自筹资金18万元，先后组织干部进村入户130多人次，落实项目资金及财政补贴资金共2 014万元，到2016年底全村成功实现脱贫。

4月21日至23日，美国明尼苏达州圣奥拉夫学院生物环境系约翰·沙德（John Schade）副教授、亚洲系张迅（Xun Z. Pomponio）副教授、兰州大学资源环境学院水文与水资源工程系钱鞠副教授、高前兆教授等一行参观考察纸坊沟流域综合治理及气象径流观测情况并开展学术交流。

5月，平凉市委副书记张军利带领市、区有关部门人员来市水保科研所对纸坊沟"两库一坝"的防汛安保工作进行安全督察，要求市水保科研所加强"两库一坝"的防汛管理，确保安全度汛。

2013 年

3月7日，平凉市机构编制委员会办公室副主任张友学及市纪委派驻市水务局纪检组组长李凡夫一行来市水保科研所就深化科技体制改革、整合事业单位技术资源、进行事业单位分类改革有关问题进行调研和座谈。

5月16日，平凉市机构编制委员会以平市编〔2013〕54号文批复的市水保科研所"三定方案"，同意内设机构设立综合办公室、水保研究科、试验推广科、工程技术科、径流监测站、水库管理科，核定事业编制49名，设领导职数3名。

2014 年

6月27日，总投资972万元的平凉市纸坊沟流域山洪沟道治理工程开工建设，该工程于2015年9月完成了全部工程建设任务，顺利通过了由省水利厅组织的竣工验收。该工程的实施有效增强了沿岸企事业单位和人民群众的山洪灾害防御能力。

9月23日，国家防汛抗旱指挥部办公室主任张志彤在省水利厅副厅长陈德兴、平凉市政府副市长曹复兴、市水务局副局长毛泽秦陪同下检查纸坊沟山洪沟道治理工程建设情况，现场指出该工程建设十分必要，一定要高标准高质量完成工程建设任务。

11月5日，省防办在平凉召开了全省山洪沟道治理项目现场会，全省各地、州、市水务部门领导及抗旱防汛指挥部办公室负责人现场观摩了市水保科研所组织实施的平凉市纸坊沟山洪沟道治理项目。

2015 年

3月10日，中国林科院邀请德国德累斯顿科技大学专家卡尔·海因茨·费加教授（博士）来市水保科研所泾川官山试验基地进行森林生态水文研究的野外考察与学术交流，开展了森林样地调查，检查维修了气象站蒸渗仪等设备，3月29日经西安返回北京林科院后回国。

12月25日，平凉市机构编制委员会办公室以平事改办发〔2015〕3号文批复同意平凉市水土保持科学研究所为公益一类事业单位，要求市水保科研所规范机构名称，明确职责任务，优化编制配置，进一步强化公益属性，确保公益目标实现。

2017 年

8月，全市精准脱贫推进工作会议之后，平凉市委将市水保科研所精准扶贫村调整到灵台县西屯镇柳家铺村。单位选派优秀年轻干部任驻村工作队队长兼村党支部第一书记，全所24名干部帮扶该村67户贫困户。先后投入资金25万元，落实小额贷款15万元，援建了猪场等产业设施，2019年底全村成功实现脱贫。

2018 年

10月，甘肃电视台"精准扶贫第一线"栏目对市水保科研所扶贫点灵台县西屯镇柳家铺村进行了专题报道，对该村精准扶贫工作给予了充分肯定。

2019 年

1月，原所长李友松调离后，平凉市水务局指定副所长柳禄祥主持工作至4月。

4月12日，平凉市人民政府以任字〔2019〕4号文任命毛泽秦为平凉市水土保持科学研究所所长。

12月，为了认真贯彻习近平总书记视察甘肃时的重要讲话精神，打好平凉生态环境保卫战、绿色发展持久战，重塑平凉新型水土关系，努力构建平凉市黄河流域生态保护和高质量发展新格局，市水保科研所联合平凉市水土保持总站编制了《平凉市水土保持生态建设"十四五"规划》和《平凉市黄河流域生态保护和高质量发展水土保持规划》，为今后平凉市水土保持工作提供了科学遵循。

2020 年

2月，新型冠状病毒疫情在全国多省（区、市）蔓延，疫情防控形势异常严峻。根据平凉市委组织部、平凉市水务局安排部署，平凉市水保科研所领导、党员和广大干部职工进入西郊办事处三天门社区龙汇家园（1区、2区）、华电小区、建华厂（南区、北区）、天麟龙兴园6个住宅小区开展疫情防控工作，到5月初疫情防控取得阶段性胜利后防控人员撤离。

3月16日，为落实国家党政机关及事业单位机构改革政策，平凉市机构编制委员会平编委发〔2020〕5号文决定对平凉市水土保持科学研究所职能配置、内设机构和人员编制重新进行调整，即撤销市水利中心灌溉试验站，将其承担的水利灌溉试验相关职能划入市水保科研所。调整后的市水保科研所内设9个科室站，分别是：综合办公室、财务科、水保研究科、生态技术科、林草科技科、水库管理科、径流监测站、化验室、灌溉试验站。调整后核定市水保科研所全额事业编制52名。调整后设所长1名、副所长3名，内设科级领导职数18名，其中正科级9名、副科级9名。

4月16日，平凉市人民政府以任字〔2020〕4号文任命宋永锋为平凉市水土保持科学研究所所长。

6月2日，市水保科研所党支部支委会研究决定：编修《平凉市水土保持科学研究所志（1954—2020）》，并成立了所志编辑委员会，6月中旬编辑委员会开始编纂工作。

9月13日至19日，为探索新形势下水土保持科研工作的新思路、新模式，平凉市水土保持科学研究所正高级工程师毛泽秦和市水土保持总站站长冯纯禄带领科技人员一行4人赴山西、福建、陕西考察学习水土保持生态建设先进典型经验和成功做法。

10月23日至24日，福建农林大学林学院博士、副教授杨志坚带领生态学、经济林学专业研究生一行 4 人来市水保科研所考察调研。

10 月 28 日平凉市机关事务管理局以复字〔2020〕56 号文件批复同意市水保科研所办公实验楼外部维修和一、二楼加固改造，项目总概算为 67.72 万元。

11 月，市财政同意将解决纸坊沟流域三座水库运行管护经费 20 万元列入 2021 年市级财政预算。

纸坊沟流域下游右侧支沟修建的高庄水库，有效拦截了径流泥沙，保障了下游坝地的生产安全。

平凉市水土保持科学研究所志（1954—2020）

第一章 历史沿革及机构设置

第一节　机构沿革

1954 年，黄河水利委员会为了协助甘肃东部地区开展水土保持工作，成立了"平凉水土保持工作推广站"，隶属黄河水利委员会西北黄河工程局领导，县级建制，是平凉最早的水土保持机构。

1954 年 3 月，平凉纸坊沟水库动工兴建，工程于 1955 年 5 月建成了全区第一座拦泥、防洪水库，控制流域面积 18.03 平方千米。

1954 年 7 月，平凉水土保持工作推广站以兴建纸坊沟水库为起点，在纸坊沟水库大坝西侧建立"纸坊沟水文观测站"，隶属平凉水土保持工作推广站管辖。

1955 年底，平凉地委决定设立"平凉专区水土保持站"，将移交地方的"平凉水土保持工作推广站"并入，纸坊沟水文观测站隶属平凉专区水土保持站管辖。

1957 年 2 月，专区水土保持站与专署水利局合并，纸坊沟水文观测站隶属专署水利局管辖。

1961 年 11 月，专署水利局并入专署农建局，纸坊沟水文观测站隶属专署农建局管辖。

1962 年 5 月，平凉专署决定将纸坊沟水文观测站连同水库管理机构、人员、设备下放给平凉县管理，隶属平凉县水利局管辖。

1964 年 1 月，平凉专署决定收回纸坊沟水库管理权限，在纸坊沟水文观测站的基础上成立"平凉专区纸坊沟水土保持试验站"，隶属平凉专署，归口专署水保局主管。

1968 年 4 月，"平凉专区纸坊沟水土保持试验站"更名为"甘肃省平凉专区水土保持科学试验站"，隶属平凉专署生产指挥部农林组管辖。

1969 年，平凉专区水土保持科学试验站下放平凉县管理，更名为"平凉县水土保持工作站"，隶属平凉县水电局管辖。

1973 年 8 月，将平凉县水土保持工作站收回到平凉地区管理，更名为"平凉地区水土保持工作站"，隶属平凉地区革命委员会，归口地区水电局主管。

1974 年 2 月，平凉地区水土保持工作站隶属地区水保局主管。

1975 年 3 月，更名为"甘肃省平凉地区水土保持试验站"，隶属平凉地区林业水保局主管。

1980 年，平凉地区水土保持试验站隶属地区水利局主管。

1983 年，平凉地区水土保持试验站隶属平凉地区行政公署水利处主管。

1987 年，经平凉地区行政公署批准，"平凉地区水土保持试验站"更名为"平凉地区水土保持科学研究所"。

2003 年，撤地设市后，"平凉地区水土保持科学研究所"更名为"平凉市水土保持科学研究所"，隶属平凉市水务局主管，延续至今。

平凉市水土保持科学研究所机构沿革一览表见表 1-1-1。

表 1-1-1　平凉市水土保持科学研究所机构沿革一览表

单位名称	隶属关系	起止时间	地址
平凉水土保持工作推广站纸坊沟水文观测站	西北黄河工程局平凉水土保持工作推广站	1954.7—1955.12	平凉县城南纸坊沟
纸坊沟水文观测站	平凉专区水土保持站	1956.1—1957.2	平凉县城南纸坊沟
纸坊沟水文观测站	平凉专署水利局	1957.2—1961.10	平凉县城南纸坊沟
纸坊沟水文观测站	平凉专署农建局	1961.11—1962.6	平凉县城南纸坊沟
纸坊沟水文观测站	平凉县水利局	1962.7—1963.12	平凉县城南纸坊沟
平凉专区纸坊沟水土保持试验站	平凉专署水保局	1964.1—1968.3	平凉县城南纸坊沟
平凉专区水土保持科学试验站	平凉专署生产指挥部农林组	1968.4—1969	平凉县城南纸坊沟
平凉县水土保持工作站	平凉县水电局	1969—1973.7	平凉县城南纸坊沟
平凉地区水土保持工作站	平凉地区水电局	1973.8—1974.1	平凉县城南纸坊沟
平凉地区水土保持工作站	平凉地区水保局	1974.2—1975.2	平凉县城南纸坊沟
平凉地区水土保持试验站	平凉地区林业水保局	1975.3—1978.12	平凉县城南路38号
平凉地区水土保持试验站	平凉地区水电局	1979.1—1980.7	平凉县城南路38号
平凉地区水土保持试验站	平凉地区水利局	1980.7—1983.8	平凉县城南路38号
平凉地区水土保持试验站	平凉地区行政公署水利处	1983.8—1987.8	平凉市城南路59号
平凉地区水土保持科学研究所	平凉地区行政公署水利处	1987.8—2002.12	平凉市城南路59号
平凉市水土保持科学研究所	平凉市水务局	2003.1—	崆峒区城南路59号

第二节 组织机构

一、所（站）领导机构及人员

1.纸坊沟水文观测站

负　责　人：杨永立（1954—1963）

2.平凉专区纸坊沟水土保持试验站

站　　　长：孙克禄（1964—1967）

3.平凉专区水土保持科学试验站革命委员会

主　　　任：孟建邦（1968—1969）

4.平凉县水土保持工作站

负　责　人：曹德民（1969—1970.4）

　　　　　　张万发（1970.5—1971.9）

　　　　　　高岳松（1971.10—1973.9）

5.平凉地区水土保持工作站

站　　　长：孙作德（1973.9—1975.3）

6.平凉地区水土保持试验站

站　　　长：孙作德（1975.4—1979.7）

　　　　　　孙秉义（1979.12—1980.6）

　　　　　　雷玉堂（1980.6—1983.11）

　　　　　　朱瑞英（1983.11—1987.8）

副　站　长：周金山（1978.4—1979.11）

　　　　　　熊启基（1980.12—1983.11）

　　　　　　孙尚海（1984.9—1987.8）

7.平凉市（地区）水土保持科学研究所

所　　　长：朱瑞英（1987.8—1995.9）

　　　　　　叶长青（1997.11—2000.7）

　　　　　　曹轶杰（2000.7—2007.7）

　　　　　　柳喜仓（2007.7—2011.4）

　　　　　　李友松（2012.4—2019.1）

毛泽秦（2019.4—2020.4）

宋永锋（2020.4—   ）

副 所 长：孙尚海（1987.8—2001.2）

罗 功（1993.6—2005.12）

李林祥（1995.9—2002.9）

毛泽秦（2002.5—2012.4）

柳禄祥（2003.1—   ）

郑金瑜（2009.9—2017.5）

王学功（2019.4—   ）

二、所（站）科室机构设置及人员

1. 平凉地区水土保持试验站

内设机构：办公室、研究室、试验场。

办公室主任：张怀道（1984.9—1986.9）

副 主 任：张怀道（1981.7—1984.8）

李林祥（1984.9—1987.9）

研究室主任：孙吉定（1981.7—1984.4）

范钦武（1984.9—1987.9）

副 主 任：范钦武（1981.7—1984.9）

张淑芝（1984.9—1987.9）

试验场场长：李 禄（1981.7—1984.9）

张凤兴（1984.9—1987.9）

副 场 长：郑安邦（1981.7—1984.4）

2. 平凉（市）地区水土保持科学研究所

内设机构：办公室、技术研究推广科、试验场。

办公室主任：李林祥（1987.9—1995.9）

薛银昌（1997.5—2014.5）

副 主 任：何克荣（1987.4—2006.7）

牛 辉（2006.10—2008.7）

吴 昊（2010.9—2014.5）

技术研究推广科科长：

范钦武（1987.9—1993.5）

王立军（1993.5—2014.5）

副　科　长：巩鸿有（1987.9—1988.6）

张淑芝（1987.9—1993.5）

王立军（1989.5—1993.5）

车守祯（1994.12—1999.5）

蒲玉宏（1997.5—2002.10）

朱立泽（2003.6—2006.10）

王　辅（2003.6—2008.6）

姚西文（2006.10—2014.5）

陈志达（2010.9—2012.10）

试验场场长：张凤兴（1987.9—1999.5）

车守祯（1999.5—2008.6）

牛　辉（2008.6—2014.5）

副　场　长：薛银昌（1994.12—1997.5）

赵彦春（2003.6—2011.2）

科级调研员：张凤兴（1999.10—2004.12）

其间于 1999 年 6 月增设综合经营办公室。

综合经营办公室主任：

王　伟（2003.6—2004.12）

卞义宁（2006.10—2014.5）

副　主　任：王　伟（1999.9—2003.6）

牛　辉（2003.6—2006.10）

其间于 2003 年 11 月增设工程技术科。

工程技术科科长：

段义字（2006.10—2014.5）

副　科　长：段义字（2003.6—2006.10）

卞义宁（2003.6—2006.10）

王　辅（2008.6—2014.5）

王安民（2010.9—2014.5）

其间于 2013 年"三定方案"确定内设机构：综合办公室、水保研究科、试验推广科、工程技术科、径流监测站、水库管理科。

综合办公室主任：

薛银昌（2014.5—2017.5）

田　耕（2017.10—2020.6）

副　主　任：田　耕（2015.5—2017.10）

任少佳（2017.10—2020.6）

水保研究科科长：

王立军（2014.5—2020.6）

副　科　长：姚西文（2014.5—2020.6）

工程技术科科长：

段义字（2014.5—2020.6）

副　科　长：王　辅（2014.5—2020.6）

试验推广科科长：

卞义宁（2014.5—2020.6）

径流监测站站长：

王安民（2014.5—2020.6）

水库管理科科长：

牛　辉（2014.5—2020.6）

副总工程师：朱立泽（2006.10—2020.4）

其间于 2020 年 3 月 16 日平凉市水土保持科学研究所内设机构：综合办公室、财务科、水保研究科、生态技术科、林草科技科、径流监测站、水库管理科、灌溉试验站、化验室。

综合办公室主任：

田　耕（2020.6—　　　）

副　主　任：任少佳（2020.6—　　　）

财务科科长：吴　昊（2020.6—　　　）

副　科　长：袁　敏（2020.9—　　　）

水保研究科科长：

王立军（2020.6—　　　）

副　科　长：姚西文（2020.6—　　　）

生态技术科科长：

　　　　　　段义字（2020.6—　　　　）

副　科　长：王　辅（2020.6—　　　　）

林草科技科科长：

　　　　　　卞义宁（2020.6—　　　　）

副　科　长：王可壮（2020.9—　　　　）

径流监测站站长：

　　　　　　王安民（2020.6—　　　　）

副　站　长：汝海丽（2020.9—　　　　）

水库管理科科长：

　　　　　　牛　辉（2020.6—　　　　）

灌溉试验站站长：

　　　　　　张永忠（2020.6—　　　　）

副　站　长：刘铠源（2020.9—　　　　）

第三节　领导班子

一、所（站）班子

平凉市水土保持科学研究所的前身是纸坊沟水文观测站，1954—1963年纸坊沟水文观测站分别由平凉水土保持工作推广站、平凉专区水土保持站、专署水利局、专署农建局、平凉县水利局主管，当时水文观测站负责人分别由主管部门临时指定，即由杨永立负责。1964年正式成立专区水保站，站长由专署任命。1969—1973年单位下放平凉县管理时期，单位负责人由平凉县水电局临时指定。

平凉市水土保持科学研究所历届所（站）长见表1-3-1，历届班子成员见表1-3-2。

表 1-3-1 平凉市水土保持科学研究所历届所（站）长

序号	姓名	性别	民族	文化程度	政治面貌	职称	籍贯	职务	任职时间
1	杨永立	男	汉	中专			河南开封	负责人	1954.7—1963
2	孙克禄	男	汉	小学	党员		甘肃镇原	站长	1964—1967
3	孟建邦	男	汉	师范	党员		甘肃静宁	革委会主任	1968—1969
4	曹德明	男	汉	小学				负责人	1969—1970.4
5	张万发	男	汉	小学				负责人	1970.5—1971.9
6	高岳松	男	汉	小学	党员		甘肃平凉	负责人	1971.10—1972.12
7	孙作德	男	汉	小学	党员		甘肃平凉	站长	1973.9—1974.6
								书记兼站长	1974.7—1979.7
8	孙秉义	男	汉	小学	党员		甘肃平凉	站长	1979.12—1980.6
								支部书记	1980.6—1986.12
9	雷玉堂	男	汉	本科	党员	工程师	陕西西安	站长	1980.6—1983.11
10	韩效忠	男	汉	中专	党员		宁夏西吉	支部书记	1986.12—1995.9
11	朱瑞英	男	汉	高小	党员		甘肃崇信	站长	1983.11—1987.8
								所长	1987.8—1995.9
12	叶长青	男	汉	高中	党员	工程师	甘肃平凉	所长	1997.11—2000.7
13	曹轶杰	男	汉	大专	党员	高工	甘肃灵台	所长	2000.7—2007.7
14	柳喜仓	男	汉	本科	党员		甘肃庄浪	所长	2007.7—2011.4
15	李友松	男	汉	本科	党员		甘肃庄浪	所长	2012.4—2019.1
16	毛泽秦	男	汉	研究生	党员	正高	甘肃泾川	所长	2019.4—2020.4
17	宋永锋	男	汉	本科	党员	高工	甘肃泾川	所长	2020.4—

表 1-3-2 平凉市水土保持科学研究所历届班子成员

序号	姓名	性别	民族	文化程度	政治面貌	职称	籍贯	职务	任职时间
1	周金山	男	回	小学	党员		宁夏西吉	副站长	1978.4—1979.11
2	熊启基	男	汉	小学	党员		甘肃灵台	副站长	1980.12—1983.11
								巡视员	1983.12—1987.4
3	孙尚海	男	汉	本科	党员	工程师	山东青岛	副站长	1984.9—1987.8
						高工		副所长	1987.8—2001.2
4	罗功	男	汉	高中	党员		甘肃康乐	副所长	1993.6—2005.12
5	李林祥	男	汉	本科	党员	工程师	甘肃灵台	副所长	1995.9—2002.9（其中：1995.9—1997.11主持工作）

续表 1-3-2

序号	姓名	性别	民族	文化程度	政治面貌	职称	籍贯	职务	任职时间
6	毛泽秦	男	汉	硕士研究生	党员	正高	甘肃泾川	副所长	2002.6—2012.4（其中2011.4—2012.4主持工作）
7	柳禄祥	男	汉	本科	党员	高工	甘肃庄浪	副所长	2003.1—（其中2019.1—2019.4主持工作）
8	郑金瑜	男	汉	本科	党员	高工	甘肃庄浪	副所长	2009.9—2017.5
9	王学功	男	汉	大专	党员		甘肃平凉	副所长	2019.4—

二、党支部

平凉市水土保持科学研究所党支部，于 1974 年经中共平凉地区直属机关党委批准成立。自成立以来，坚决贯彻执行党的路线、方针和政策，贯彻落实上级的指示精神，不断加强提高党支部的自身建设，把政治思想工作做细做实，领导各科（室、站）、工会、妇委会、学术委员会积极工作，使党支部的政治核心、保障监督和战斗堡垒作用得到充分发挥，团结带领水保所全体干部职工同心同德、勠力同心，使各项工作沿着正确的方向前进。

在历任党支部书记中，孙作德由中共平凉地区直属机关党委任命，孙秉义、韩效忠由中共平凉地委任命，曹轶杰、柳喜仓、李友松、毛泽秦、宋永锋由水保所党员大会选举、上级党组织审批产生。

平凉市水土保持科学研究所历届党支部书记见表 1-3-3。

表 1-3-3 平凉市水土保持科学研究所历届党支部书记

姓名	职务	任职时间	单位名称	民族	文化程度	籍贯
孙作德	书记	1974.7—1979.7	平凉地区水土保持工作站 平凉地区水土保持试验站	汉	小学	甘肃平凉
孙秉义	书记	1980.6—1986.12	平凉地区水土保持试验站	汉	小学	甘肃平凉
韩效忠	书记	1987.8—1995.9	平凉地区水土保持科学研究所	汉	中专	宁夏西吉
李林祥	副书记	1996.12—2002.9	平凉地区水土保持科学研究所	汉	本科	甘肃灵台
曹轶杰	书记	2003.1—2007.7	平凉地区水土保持科学研究所 平凉市水土保持科学研究所	汉	大专	甘肃灵台

续表 1-3-3

姓名	职务	任职时间	单位名称	民族	文化程度	籍贯
柳喜仓	书记	2007.9—2011.4	平凉市水土保持科学研究所	汉	本科	甘肃庄浪
李友松	书记	2012.7—2019.1	平凉市水土保持科学研究所	汉	本科	甘肃庄浪
毛泽秦	书记	2019.7—2020.8	平凉市水土保持科学研究所	汉	硕士研究生	甘肃泾川
宋永锋	书记	2020.8—	平凉市水土保持科学研究所	汉	本科	甘肃泾川
车守祯	副书记	2014.4—2020.1	平凉市水土保持科学研究所	汉	大专	甘肃崆峒
朱立泽	副书记	2020.8—	平凉市水土保持科学研究所	汉	本科	甘肃镇原

党支部部分锦旗、奖牌

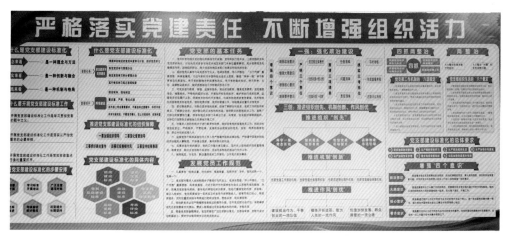

党支部建设

庄浪县堡子沟流域赵墩梯田，是梯田化建设的一个缩影。

平凉市水土保持科学研究所志（1954—2020）

第二章　队伍建设

第一节　人员结构

　　1954 年，平凉市水土保持科学研究所（前身为纸坊沟水文观测站）正式开展工作，职工人数 2 人，截至 2020 年底，历届职工总数共计 201 人。

一、平凉市水土保持科学研究所（站）历届职工结构柱状图

　　1954—1970 年、1971—1980 年、1981—1990 年、1991—2000 年、2001—2010 年、2011—2020 年段领导干部、技术干部、行政干部、工人结构比例如图 2-1-1~ 图 2-1-6 所示。

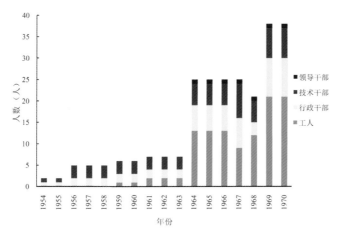

图 2-1-1　1954—1970 年历届职工结构柱状图

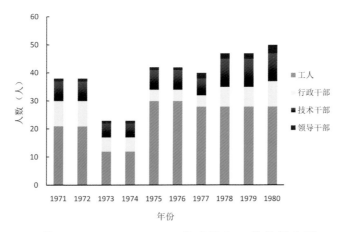

图 2-1-2　1971—1980 年历届职工结构柱状图

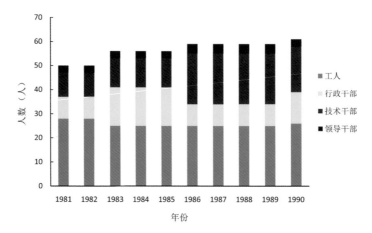

图 2-1-3　1981—1990 年历届职工结构柱状图

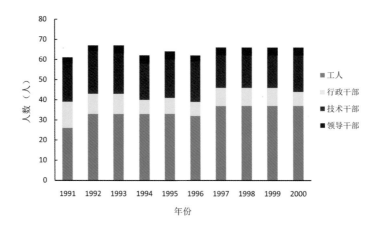

图 2-1-4　1991—2000 年历届职工结构柱状图

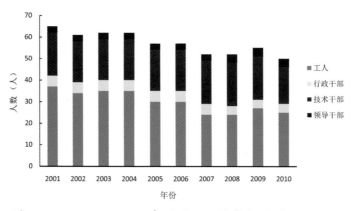

图 2-1-5　2001—2010 年历届职工结构柱状图

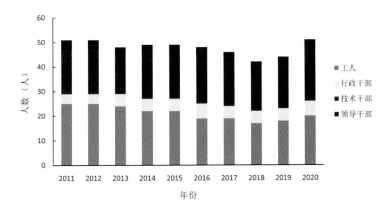

图 2-1-6　2011—2020 年历届职工结构柱状图

二、平凉市水土保持科学研究所（站）历年人员结构一览表

历年人员结构一览表如表 2-1-1 所示。

表 2-1-1　平凉市水土保持科学研究所（站）历年人员结构一览表

年份	人员（人）				
	领导干部	技术干部	行政干部	工人	总计
1954		1	1		2
1955		1	1		2
1956		3	2		5
1957		3	2		5
1958		3	2		5
1959		3	2	1	6
1960		3	2	1	6
1961		3	2	2	7
1962		3	2	2	7
1963		3	2	2	7
1964	1	5	6	13	25
1965	1	5	6	13	25
1966	1	5	6	13	25
1967	1	8	7	9	25
1968	1	5	3	12	21
1969	1	7	9	21	38

续表 2-1-1

年份	人员（人）				
	领导干部	技术干部	行政干部	工人	总计
1970	1	7	9	21	38
1971	1	7	9	21	38
1972	1	7	9	21	38
1973	1	5	5	12	23
1974	1	5	5	12	23
1975	1	7	4	30	42
1976	1	7	4	30	42
1977	2	6	4	28	40
1978	2	10	7	28	47
1979	2	10	7	28	47
1980	3	10	9	28	50
1981	3	10	9	28	50
1982	3	10	9	28	50
1983	3	12	16	25	56
1984	3	12	16	25	56
1985	3	12	16	25	56
1986	4	21	9	25	59
1987	4	21	9	25	59
1988	4	21	9	25	59
1989	4	21	9	25	59
1990	3	19	13	26	61
1991	3	19	13	26	61
1992	3	21	10	33	67
1993	4	20	10	33	67
1994	4	18	7	33	62
1995	4	19	8	33	64
1996	3	20	7	32	62
1997	4	16	9	37	66
1998	4	16	9	37	66
1999	4	16	9	37	66

续表 2-1-1

年份	人员（人）				
	领导干部	技术干部	行政干部	工人	总计
2000	4	18	7	37	66
2001	3	20	5	37	65
2002	3	19	5	34	61
2003	3	19	5	35	62
2004	3	19	5	35	62
2005	3	19	5	30	57
2006	3	19	5	30	57
2007	3	20	5	24	52
2008	4	20	4	24	52
2009	4	20	4	27	55
2010	4	17	4	25	50
2011	4	18	4	25	51
2012	4	18	4	25	51
2013	3	16	5	24	48
2014	3	19	5	22	49
2015	3	19	5	22	49
2016	3	20	6	19	48
2017	2	20	5	19	46
2018	2	18	5	17	42
2019	3	18	5	18	44
2020	3	22	6	20	51

第二节　职工队伍

一、平凉市水土保持科学研究所（站）1954—2020 年干部职工一览表

平凉市水土保持科学研究所（站）1954—2020 年干部职工一览表如表 2-2-1 所示。

表 2-2-1　平凉市水土保持科学研究所（站）1954—2020 年干部职工一览表

姓名	性别	籍贯	学历	本单位工作时间
杨永立	男	河南开封市	中专	1954—1968
刘清泰	男		中专	1954
何立惠	男		中专	1954—1955
侯赋承	男		中专	1954
王唤堂	男		中专	1954—1958
马建伟	男		中专	1954
张杰仁	男		中专	1954
王清林	男		中专	1954
雷玉堂	男	陕西西安市	本科	1954—1955、1980—1983
文秀绮	男		中专	1955
甘锡儒	男		中专	1956—1957
严德生	男		中专	1956—1958
欧先跃	男		中专	1956
冯　宜	男		中专	1957—1960
白长文	男		中专	1957
贺义顺	男		中专	1957—1960
邵月娟	女		中专	1957
田立勤	男		中专	1960
李志文	男		中专	1961
杨英伯	男	四川蓬安县	高中	1962—1988
李　禄	男	宁夏西吉县	高中	1964—1989
李兴杰	男	山西沁水县	初中	1964—1979
范钦武	男	四川成都市	大专	1964—1993
丁花玲	女	甘肃灵台县	初中	1964—1970
孙克禄	男	甘肃镇原县	中专	1964—1967
陆光斋	男	山西临猗县	初小	1964—1968
马　军	男	甘肃临夏市		1964—1992
张绍堪	男	甘肃静宁县		1964—1986
马存喜	男	甘肃华亭县		1964—1994
雷培琦	男	甘肃泾川县	初中	1964—1970
陈　祥	男	甘肃平凉市		1965—1982

续表 2-2-1

姓名	性别	籍贯	学历	本单位工作时间
李彦瑞	男	甘肃崇信县	初中	1965—1995
周祖光	男	甘肃天水市	本科	1965—1971
李仕杰	男	甘肃灵台县	初中	1965—1971
骆连枝	男	广东	中专	1965—1974
张登禄	男	甘肃镇原县	小学	1965—1971
赵养礼	男	甘肃镇原县	高小	1965—1971
口新论	男	甘肃泾川县	小学	1965—1971
徐临正	男	甘肃灵台县	小学	1965—1971
李樹发	男		小学	1965—1971
赵亲民	男	甘肃平凉市	小学	1965—1967
杨文秀	女	甘肃平凉市	小学	1965—1967
芦高成	男		小学	1965—1967
吴志荣	男		小学	1965—1967
邹克信	男	甘肃镇原县	初中	1965—1981
王启睿	女	浙江海盐县	中专	1966—1968
李正堂	男		小学	1967—1971
孟建帮	男	甘肃静宁县	初中	1968—1969
张万发	男	辽宁	初小	1969—1973
曹德民	男		小学	1969—1970
毕傅爱	女	甘肃平凉市	本科	1969—1972
景惠芳	女	甘肃泾川县	初中	1969—1971
刘咸焕	男	山东	高中	1969—1972
赫金发	男	甘肃平凉市	初中	1970—1973
高岳松	男	甘肃平凉市	小学	1971—1972
于生银	男	甘肃平凉市	初中	1971—1974
于效然	男	甘肃平凉市	初中	1971—1974
段兆新	男	甘肃平凉市	初中	1971—1974
樊学礼	男	甘肃平凉市	高中	1971—1974
张广有	男	甘肃平凉市	高中	1971—1974
王登祥	男	甘肃平凉市	高小	1971—1974
竹志明	男	甘肃平凉市	初中	1971—2004

续表 2-2-1

姓名	性别	籍贯	学历	本单位工作时间
吕国良	男	甘肃平凉市	初中	1971—2000
张梅芳	女	甘肃渭源县	初小	1971—1983
刘克道	男	甘肃平凉市	小学	1972—1993
丁清光	男	甘肃平凉市	初中	1972—2004
张志良	男		小学	1973
孙作德	男	甘肃平凉市	高中	1973—1979
杨坤茹	女	陕西宁陕县	初中	1973—2005
孙吉定	男	山西汾阳市	本科	1974—1982
朱登辉	男	甘肃平凉市	高中	1974—2004
王亚瑞	女	陕西韩城县	高中	1974—1977
阴长泰	男	甘肃镇原县	初中	1974—1979
朱麟	男	甘肃平凉市	初中	1974—1976
杨定华	女	湖南长沙市	高中	1974—1982
涂生祥	男	甘肃平凉市	初中	1974—1975
尚明富	男	甘肃泾川县	初中	1975—1979
贾登贤	男	甘肃平凉市	初中	1975—1979
冯光耀	男	甘肃平凉市	初中	1975—1994
陈贵均	男	四川宜宾县	中专	1975—1996
赵文菊	女	辽宁海城市	本科	1975—1984
孙尚海	男	山东青岛市	本科	1975—2001
张淑芝	女	辽宁新民县	本科	1975—1999
王伟	男	甘肃平凉市	高小	1975—1987
郑安邦	男	甘肃平凉市	高小	1976—1986
张桂兰	女	宁夏隆德县	初小	1976—1979
秦正喜	男	甘肃平凉市	高小	1976—1979
胡志远	男	甘肃泾川县	高中	1976—1979
武治科	男	甘肃平凉市	高小	1976—1983
李天成	男	甘肃静宁县	小学	1976—1983
柳淑玲	女	甘肃庄浪县	小学	1976—1984
宋韩州	男	甘肃静宁县	高小	1976—1980
秦玉生	男	河南偃师市	初中	1976—1985

续表 2-2-1

姓名	性别	籍贯	学历	本单位工作时间
朱正成	男	甘肃镇原县	初中	1976—1985
巩鸿有	男	甘肃灵台县	大专	1977—1988
黄海兰	女	陕西清涧县	大专	1977—1981
乌秀云	女	陕西西安市	初小	1977—1979
张玉珍	女	陕西宝鸡市	初中	1977—1979
杜红发	男	山西省	初中	1977—1979
王淑兰	女	甘肃灵台县	高中	1977—1979
张银忠	男	甘肃泾川县	小学	1978—2004
郭满仓	男	甘肃平凉市	初小	1978—1983
杨俊成	男	河南长葛县	初中	1978—1983
王淑平	女	甘肃庄浪县	高中	1978—2007
马俊吉	男	甘肃庄浪县	高中	1978—1984
朱福海	男	甘肃泾川县	高中	1978—2016
赵金录	男	甘肃平凉市	初中	1978—2002
张俊明	男	甘肃泾川县	高中	1978—2018
任 烨	男	甘肃泾川县	本科	1978—2016
薛银昌	男	甘肃泾川县	大专	1978—2017
马长福	男	甘肃灵台县	初中	1979—1992
张维乾	男	甘肃平凉市	初中	1979—2004
张风兴	男	陕西延长县	高中	1979—2004
孙秉义	男	甘肃平凉市	初小	1979—1986
陈泾瑞	男	甘肃泾川县	大专	1979—2017
魏 海	男	甘肃平凉市	初中	1979—2004
姚福焕	男	甘肃灵台县	小学	1979—1998
陈生兰	女	山西柳林县	初中	1980—1991
牛 辉	男	山东荷泽市	高中	1980—
雷 波	男	陕西西安市	高中	1980—
熊启基	男	甘肃灵台县	高小	1980—1987
张怀道	男	甘肃平凉市	中专	1980—1986
张锦明	女	北京市	初中	1980—1992
刘东升	男	河北盐山县	本科	1981—1997

续表 2-2-1

姓名	性别	籍贯	学历	本单位工作时间
李林祥	男	甘肃灵台县	本科	1981—2002
李瑞芳	女	宁夏西吉县	本科	1981—2013
张林平	男	甘肃静宁县	高中	1981—2013
熊英明	男	甘肃灵台县	中专	1981—
梁文辉	男	甘肃平凉市	大专	1981—2019
刘恒道	男	甘肃灵台县	初中	1981—2019
吴位敏	男	湖北潜江县	本科	1981—1984
王怀祥	男	甘肃平凉市	中专	1981—1989
朱立泽	男	甘肃镇原县	本科	1982—
陈玉芳	女	甘肃平凉市	大专	1982—2018
朱瑞英	男	甘肃崇信县	高小	1983—1996
陈胜昔	男	甘肃平凉市	本科	1983—1987
张秀兰	女	陕西渭南市	高中	1983—2004
马恒祥	男	甘肃临夏市	高中	1983—1985
王立军	男	甘肃华亭县	本科	1984—
车守祯	男	甘肃平凉市	大专	1984—2020
叶 飞	男	上海市	本科	1984—1989
姚西文	男	河南偃师县	大专	1985—
王 伟	男	陕西三原县	中专	1985—2004
屈风莲	女	甘肃平凉市	大专	1985—
朱 岩	男	甘肃崇信县	大专	1985—
卞义宁	男	甘肃省宁县	本科	1986—
何克荣	男	甘肃平凉市	高中	1986—2004
赵彦春	男	甘肃平凉市	中专	1986—2010
张小红	女	甘肃静宁县	高中	1986—2016
高慧芳	女	陕西省佳县	中专	1986—2004
韩效忠	男	宁夏西吉县	中专	1987—1996
马拥国	男	甘肃平凉市	高中	1987—
李秋月	男	甘肃泾川县	小学	1987—2003
巩淑霞	女	甘肃平凉市	高中	1987—2003
李志恒	男	陕西宝鸡市	大专	1988—1998

续表 2-2-1

姓名	性别	籍贯	学历	本单位工作时间
段义宇	男	甘肃镇原县	本科	1989—
白小丽	女	甘肃平凉市	大专	1989—
冯虹	女	甘肃平凉市	大专	1990—
何艳	女	甘肃平凉市	大专	1990—
刘会霞	女	甘肃平凉市	大专	1990—
刘黎君	女	河北盐山市	大专	1990—
马强	男	甘肃华亭县	中专	1990—
陈晓波	男	四川宜宾市	大专	1990—2010
吕晓霞	女	陕西凤翔县	中专	1990—2020
蒲玉宏	男	甘肃庄浪县	本科	1990—2002
张惠琴	女	甘肃平凉市	大专	1991—2010
张晓刚	男	甘肃静宁县	本科	1992—1996
王辅	男	甘肃静宁县	本科	1992—
罗功	男	甘肃康乐县	高中	1993—2005
姚金霞	女	甘肃灵台县	大专	1993—2018
吕和平	男	甘肃平凉市	大专	1994—
王纪红	女	内蒙古呼和浩特市	高中	1995—2012
何倩	女	甘肃省礼县	大专	1996—
曹霞	女	甘肃灵台县	大专	1996—
叶长青	男	甘肃平凉市	高中	1997—2000
刘少霞	女	甘肃会宁县	大专	1998—
吴昊	男	辽宁海城市	本科	1998—
张小霞	女	甘肃崇信县	高中	1998—
李平川	男	甘肃静宁县	大专	1998—2004
吴志荣	男	甘肃平凉市	中专	1998—2010
王菊香	女	甘肃临夏市	初中	1998—2008
曹轶杰	男	甘肃灵台县	大专	2000—2007
谭花荣	女	甘肃康乐县	高中	2000—2002
毛泽秦	男	甘肃泾川县	硕士研究生	2002—2012、2019—
张晓东	男	甘肃泾川县	中专	2002—2010
柳禄祥	男	甘肃庄浪县	本科	2003—

续表 2-2-1

姓名	性别	籍贯	学历	本单位工作时间
王春平	女	甘肃正宁县	中专	2003—
王安民	男	甘肃庄浪县	本科	2005—
陈志达	男	甘肃临夏市	本科	2005—2012
赵燕	女	甘肃华亭县	大专	2006—2008
李凤梅	女	甘肃静宁县	大专	2006—2016
李建中	男	甘肃灵台县	本科	2007—
柳喜仓	男	甘肃庄浪县	本科	2007—2011
田耕	男	甘肃平凉市	本科	2008—
韩芬	女	甘肃静宁县	硕士研究生	2008—
张海红	女	河南平顶山市	本科	2008—2020
郑金瑜	男	甘肃庄浪县	本科	2009—2017
毛岩竹	男	甘肃庆阳市	中专	2009—2010
刘铠源	男	甘肃平凉市	硕士研究生	2010—
谢飞	男	甘肃灵台县	硕士研究生	2011—2012
李友松	男	甘肃庄浪县	本科	2012—2019
王可壮	男	甘肃靖远县	硕士研究生	2013—
牟极	男	甘肃会宁县	硕士研究生	2013—2017
高希旺	男	甘肃山丹县	硕士研究生	2016—2018
任少佳	男	甘肃泾川县	本科	2016—
汝海丽	女	甘肃平凉市	硕士研究生	2016—
丁爱强	男	甘肃康乐县	硕士研究生	2018—
靳雪琴	女	甘肃静宁县	大专	2018—
王工作	男	甘肃静宁县	本科	2019—
张鹤	男	甘肃崇信县	硕士研究生	2019—
许朝东	男	甘肃平凉市	本科	2019—
王学功	男	甘肃平凉市	大专	2019—
宋永锋	男	甘肃泾川县	本科	2020—
张永忠	男	甘肃静宁县	大专	2020—
袁敏	女	陕西渭南市	本科	2020—
宫亚玲	女	甘肃静宁县	本科	2020—
柴福强	男	甘肃通渭县	大专	2020—

续表 2-2-1

姓名	性别	籍贯	学历	本单位工作时间
豆巧莉	女	甘肃庄浪县	本科	2020—
叶中杉	男	四川郫县	中专	2020—
李新梅	女	甘肃宁县	大专	2020—
孟永宏	男	甘肃镇原县	大专	2020—
贾新勇	男	甘肃平凉市	初中	2020—

二、平凉市水土保持科学研究所（站）水保专业队人员一览表

平凉市水土保持科学研究所（站）水保专业队一览表如表2-2-2所示。

表 2-2-2 平凉市水土保持科学研究所（站）水保专业队人员一览表

姓名	性别	学历	本单位工作时间	说明
金光明	男	初小	1965—1969	
袁桂花	女	初小	1965—1969	
闵福元	男	初小	1965—1969	
黄瑞晶	女	初小	1965—1969	
马文秀	男	初中	1965—1969	
禹亮亮	男	初中	1965—1969	
南瑞霞	女	初中	1965—1969	1965—1966年，经省、地水保局，劳动局批准，先后招收社会人员41人，组建水土保持专业队，在纸坊沟开展流域治理工作。1968年10月，经专署、县革委会批准，专业队撤销，人员回原地
赵月娥	女	初小	1965—1969	
王素玲	女	初小	1965—1969	
李晓蕊	女	初小	1965—1969	
梁培中	男	初小	1965—1969	
李润润	女	初小	1965—1969	
马学文	男	初小	1965—1969	
孙锁花	女	初小	1965—1969	
陈巧梅	女	初小	1965—1969	
王转怀	男	初小	1965—1969	
马玉龙	男	初小	1965—1969	
苏文奎	男	初小	1965—1969	
赵玉霞	女	初中	1965—1969	
田香芳	女	初中	1965—1969	

续表 2-2-2

姓名	性别	学历	本单位工作时间	说明
赵国良	男	初小	1965—1969	
李利利	男	初小	1965—1969	
李宇鸣	男	初小	1965—1969	
马香兰	女	初小	1965—1969	
舍秀芳	女	初小	1965—1969	
王俊文	女	初小	1965—1969	
王莲英	女	初小	1965—1969	
丁淑芳	女	初小	1965—1969	
谷凤兰	女	初小	1965—1969	
戴 霞	女	初小	1965—1969	
刘桂芳	女	初小	1965—1969	
马爱莲	女	初小	1965—1969	
吴贵宝	男	初小	1965—1969	
马金花	女	初小	1965—1969	
樊存林	男	初小	1965—1969	
李治民	男	初小	1965—1969	
张兰芳	女	初小	1965—1968	
张梅芳	女	初小	1966—1968	
李世喜	男	初中	1965—1969	
杨桂兰	女	初小	1965—1970	
郭玉发	男	初小	1965—1969	

三、平凉市水土保持科学研究所（站）临时工一览表

平凉市水土保持科学研究所（站）1969—1982 年临时工一览表如表 2-2-3 所示。

表 2-2-3　平凉市水土保持科学研究所（站）1969—1982 年临时工一览表

姓名	性别	学历	本单位工作时间
朱介华	男	小学	1969—1971
张有众	男	小学	1969—1971
刘月霞	女	小学	1969—1971
董俊玲	女	小学	1969—1971

续表 2-2-3

姓名	性别	学历	本单位工作时间
郭万成	男	小学	1969—1971
杨绪文	男	小学	1969—1971
戴希彭	男	小学	1969—1971
沈元科	男	小学	1969—1971
王作奎	男	小学	1969—1971
刘光明	男	小学	1969—1971
马翠玲	女	小学	1969—1971
卢广世	男	小学	1974—1976
卢正中	男	小学	1974—1976
丁学良	男	小学	1974—1976
高继文	男	小学	1974—1976
马海明	男	小学	1974—1976
马荣成	男	小学	1974—1975
张义明	男	小学	1974—1975
将国庆	男	小学	1974—1975
王玉庆	男	小学	1974—1975
李习琴	女	小学	1975—1977
谢具成	男	小学	1975—1977
李友祥	男	小学	1975—1977
邹 波	男	小学	1975—1977
杨岭枫	男	小学	1975—1977
孙润香	女	小学	1975—1977
吕国海	男	小学	1975—1977
高惠兰	女	小学	1975—1977
田 新	男	小学	1975—1977
张三锁	男	小学	1975—1977
马秀芳	女	小学	1975—1977
李志科	男	小学	1975—1977
刘永珍	女	小学	1975—1977
房玉清	男	小学	1979—1986
朱孟奇	男	小学	1980—1992
范恒凯	男	识字	1984—1990

1956年杨永立（中）和同事工作照

1956年杨永立（中）和同事野外工作照

20世纪60年代雷培琦、李仕杰、张绍堪在试验站门口合影

1968年水保站全体干部职工合影

1983年欢送雷玉堂调离时干部职工合影

欢送孙尚海、张淑芝夫妇时部分干部职工合影

欢送柳喜仓调离时全体干部职工合影

欢送毛泽秦调离时全体干部职工合影

欢送任烨退休时全体干部职工合影

四、中高级以上技术职称人员一览表

中高级以上专业技术职称人员如表2-2-4所示。

表2-2-4　中高级以上专业技术职称人员

职称	人数	姓名
正高级工程师	4	任　烨、陈泾瑞、毛泽秦、段义字
高级工程师	23	孙尚海、范钦武、张淑芝、刘东升、曹轶杰、宋永锋、柳禄祥、郑金瑜、王立军、蒲玉宏、朱立泽、卞义宁、姚西文、张永忠、梁文辉、屈风莲、王　辅、白小丽、王安民、韩　芬、何　倩、朱　岩、王可壮
工程师	35	李　禄、雷玉堂、叶长青、李林祥、陈贵均、吴位敏、巩鸿有、王　伟、车守祯、李平川、赵彦春、李志恒、王春平、刘铠源、刘少霞、冯　虹、曹　霞、何　艳、刘黎君、马　强、吕和平、熊英明、李建中、刘会霞、柴福强、豆巧莉、王工作、汝海丽、李瑞芳、姚金霞、陈玉芳、李凤梅、吕晓霞、张惠琴、陈志达

第三节　人　物

本节共收录了为平凉市水土保持科学研究所（站）的建设和各项事业发展做出重要贡献的人物共42人。已去世的同志8人，记录传略；退休、在职人员 34 人，记录简介和事迹。

一、人物传略

记录传略的人员按照领导干部所任职务、任职先后顺序和专业技术人员依次编排。

孟建邦，男，汉族，1930 年 8 月出生，甘肃静宁人，初中学历，中共党员。

1950 年 7 月参加工作，先后在隆德县团委、平凉地委统战部、平凉专区机关党委、静宁高界公社、平凉专区民委工作，1968 年 4 月至 1969 年担任平凉专区水土保持试验站革委会主任，1970 年至 1982 年在平凉专区粮食局工作，1983 年至 1986 年任庄浪县政协主席，1987 年至 1991 年任静宁县政协党组成员、副主席及专职常委。2012 年 6 月去世。

孙作德，男，汉族，1921 年出生，甘肃平凉人，小学文化程度，中共党员。

1942 年 1 月参加工作，曾任平凉县人民政府副县长、县长，平凉地区小湾煤矿党委书记，1973 年 9 月至 1979 年 7 月担任平凉地区水土保持试验站站长兼党支部书记，1979 年 7 月离休。1983 年 3 月去世。

雷玉堂，男，汉族，1923 年 12 月出生，陕西西安人，大学学历，中共党员，工程师。

1949 年 6 月参加工作，先后在平凉市水土保持工作推广站、平凉专区泾河治理委员会、平凉专署水利局和水保局、平凉地区水电局、平凉地区林业水保局等单位工作。1980 年 6 月至 1983 年 11 月任平凉地区水土保持试验站站长。1983 年 12 月调平凉地区水利处任副总工程师。在平凉地区水保站任职期间主持完成的"纸坊沟流域坝系建设及

效益分析研究"课题，1990 年获甘肃省水利科技进步二等奖；主持完成的"平凉地区水土保持区划"，获 1988 年度地区科技进步二等奖。2003 年 5 月去世。

韩效忠，男，汉族，1935 年 7 月出生，宁夏西吉人，中专学历，中共党员。

1955 年 6 月参加工作，先后在中共庆阳地委工作，任庆阳地区农机修理厂副厂长、平凉地区八一农机修造厂党委书记、甘肃省畜牧兽医研究所党委书记等职务。1987 年 2 月至 1995 年 9 月任平凉地区水土保持试验站党支部书记、地区水土保持科学研究所党支部书记。2013 年 4 月去世。

在地区水保科研所任职期间，主抓全体职工思想政治和党的建设工作。同时配合行政领导在科研工作和创办经济实体方面做了大量工作并取得了显著成效。

叶长青，男，汉族，1945 年 2 月出生，甘肃平凉人，高中学历，中共党员，工程师。

1964 年 3 月参加工作，先后在原平凉县南干渠管理所、泾河北干渠管理所、平凉县水利局、平凉市政府（现崆峒区）、平凉地区水利处工作并任职。1997 年 11 月至 2000 年 7 月任平凉地区水利处副处长并兼任平凉地区水土保持科学研究所所长职务（副县级）。1997 年被授予"全省水利建设先进个人"称号。2003 年 11 月去世。

李林祥，男，汉族，1954年12月出生，甘肃灵台人，大专学历，中共党员，工程师。

1978年9月参加工作，1981年至1995年在平凉地区水土保持科学研究所工作期间任技术员、办公室副主任、主任；1995年9月至2002年9月任平凉市水土保持科学研究所副所长。其间负责完成了2号住宅楼立项修建工程，解决了28户职工住房困难。主持完成的"夏季梯田建设推广及效益研究"课题，1989年获平凉地区科技进步二等奖。2002年9月去世。

李禄，男，回族，1928年6月出生，宁夏西吉人，高中学历，中共党员，工程师。

1949年8月参加工作，先后在宁夏泾源县委宣传部、平凉地委宣传部、平凉地区园艺场工作，1964年6月至1989年6月在平凉地区水土保持试验站工作，其间任试验场场长、技术研究推广科副科长、工会主席等职务，1989年6月离休后享受副县级干部政治、生活待遇。主持完成的"水坠法筑坝试验"课题获1985年平凉地区科技进步二等奖。2011年6月去世。

范钦武，男，汉族，1932年9月出生，四川成都人，大专学历，高级工程师，享受国务院政府特殊津贴。

1953年9月参加工作，1993年6月退休，20世纪60年代初至退休一直在平凉市水土保持科学研究所从事技术及科研管理工作。主持完成的"茜家沟流域综合治理试验示范"课题，1988年获甘肃省科技进步一等奖，1989年获国家科技进步三等奖；主持完成的"水坠法筑坝试验研究"课题，1985年获平凉地区科技进步二等奖；主持完成的"纸坊沟流域坝系建设及效益研究"课题，1990年获甘肃省水利科技进步二等奖；主持完成的"陇东治沟骨干工程总体布局及坝系优化规划研究"课题，1994年获甘肃省水利科技进步二等奖。2015年10月去世。

吴位敏，男，汉族，湖北湛江县人，1942年7月出生，大学文化程度，中共党员，1966年7月参加工作，1983年取得工程师技术职称。

1966年7月至1970年9月先后在北京林学院、平凉县农建局、平凉军分区农场工作，1970年9月至1978年8月在平凉崆峒水库工作，1978年9月至1980年12月在平凉县水电局工作，1981年1月至1984年6月在平凉地区水土保持试验站工作，1984年7月调平凉地区行署水利处任副处长。

在地区水土保持试验站工作期间主持完成的"纸坊沟径流泥沙资料整编"课题获1985年度平凉地区科技进步一等奖；主持完成的"茜家沟流域综合治理试验示范"课题获1989年国家科技进步三等奖。2014年5月去世。

二、人物简介

人物简介按照领导干部、专业技术干部分类编排。其中领导干部 15 人，按职务和任职时间编排；专业技术干部 19 人，按职称和获得时间编排。

杨永立，男，汉族，1935 年 6 月出生，河南开封人，中专学历，中共党员，高级工程师。

1954 年 7 月毕业于黄河水利学校，1954 年 8 月分配到西北黄河工程局平凉水土保持工作推广站工作，参与了纸坊沟水库建设、两次加高设计和施工，八里庙水库的勘察、设计施工和第一次加高工程的设计施工。担任纸坊沟水文观测站负责人，从事纸坊沟水库坝体沉陷、位移观测和水位、入出库流量、泥沙输出、气象雨量的观测及大坝的管理工作。参与完成的两项科研课题分别获平凉市科技进步一等奖和甘肃省水利厅科技进步二等奖。1968 年 12 月调离平凉专区水土保持试验站。

孙秉义，男，汉族，1932 年 9 月出生，甘肃平凉人，小学文化程度，中共党员。

1949 年 7 月参加工作，先后在原平凉市税务局、华亭县税务局、平凉县革委会、平凉农学院、平凉地区畜牧站等单位任职；1979 年 12 月至 1980 年 6 月担任平凉地区水土保持试验站站长；1980 年 6 月至 1986 年 12 月任平凉地区水土保持试验站党支部书记。

在地区水保站任职期间使单位工作重心得到

转移，职能进一步明确，内部机构进一步健全；科研试验工作取得显著成效，有5项课题分别获国家、省、地区科技进步奖；在基础设施建设方面，完成了新建办公实验楼的土地兑换及前期立项准备工作；在防汛安保方面，完成了八里庙水库坝体加高工程，提高了防汛标准。

朱瑞英，男，汉族，1935年6月出生，甘肃崇信人，高小学历，中共党员。

1952年4月参加工作至1959年12月，先后在崇信铜城区团委、华亭神峪区团委、崇信县团委、华亭县委工作并任区、县团委书记，华亭县委委员等职务；1960年1月至1972年11月先后在平凉县草峰公社、崇信县高庄公社、华亭县委等单位工作并任公社党委书记、华亭县委副书记等职务；1972年12月至1983年10月任平凉地区林业水保局副局长、平凉地区种子公司经理等职务；1983年11月至1995年9月任平凉地区水土保持试验站站长、地区水保科研所所长等职务。

在地区水保科研所任职期间，单位实现了整体搬迁，建成办公实验楼1700平方米、职工住宅楼1400平方米，极大地改善了职工办公住宿条件；在科研工作方面，有19项课题分别获国家、省、地区科技进步奖，实现了单位自建站以来开展课题最多、获奖级别最高的历史性突破。

曹轶杰，男，汉族，1954年11月出生，甘肃灵台人，大专学历，中共党员，高级工程师。

1978年8月参加工作，先后在灵台县水利局、平凉地区水利处、平凉地区水电工程局工作并任职。2000年7月至2007年7月担任平凉市水土保持科学研究所所长。

任职期间，全所科研工作共获得地、厅级科技进步奖11项，争取重大项目两项，完成科技与咨询服务以及成果推广项目20项。参与完成的"城郊水土资源开发与可持续利用研究"课题获2004年甘肃省水利科技进步二等奖；主持完成的"优质饲草鲁梅克斯K-1在平凉市适生性引种试验研究"课题获2005年平凉市科技进步二等奖；主持完成的"平凉市退耕还草产业化技术开发与示范"课题获 2005 年平凉市科技进步一等奖；参与完成的"纸坊沟流域径流泥沙观测资料成果整编及水土资源高效开发利用模式研究"课题获 2008 年平凉市科技进步三等奖。

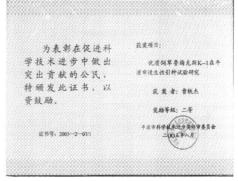

柳喜仓，男，汉族，1962 年 8 月出生，甘肃庄浪人，大学学历，中共党员。

1981 年 1 月参加工作，先后在庄浪县韩店乡政府、县老干部局、县委宣传部、县粮食局、庄浪县委、县政府，平凉市水务局等单位工作并任职，2007 年 7 月至 2011 年 3 月任平凉市水务局副局长、市水保科研所所长职务。

在水保所任职期间，带领全所干部职工在科研工作、科技咨询与服务、基础设施改善及项目建设等方面取得了显著成绩。2008 年争取立项建设了八里庙水库除险加固工程，2009 年争取到了八里庙水库上坝道路改建项目，开展水保科研所办公实验楼门窗更换及室内装修改造工程；2008 年争取签订了中煦煤化工公司石堡子水库工程、60 万吨／年甲醇项目水土保持工程、平凉市 2008—2015 年巩固退耕还林成果梯田建设项目施工监理合同；2010 年争取立项了纸坊沟水库除险加固工程，申报了纸坊沟山洪沟道治理工程项目；2007—2010 年组织实施了 15 项科研课题，鉴定验收获奖 13 项。

李友松，男，汉族，1962年5月出生，甘肃庄浪人，大学学历，中共党员。

1982年7月参加工作，先后在庄浪县委宣传部、平凉地区行署计划处、平凉地区行署建设处、平凉市建设局、平凉市规划局、平凉市住房和城乡建设局工作并任职。2012年3月至2019年1月任平凉市水务局党组成员、副局长，市水保科研所所长。

任水保科研所所长期间，和班子成员一起为所里人才队伍建设、解决职工生活困难和科技服务等方面做了艰苦努力。2012年重新制订上报了"平凉市水保科研所三定方案"，获市编委批复后重新定人员定机构定职能、引人才，调动了干部职工的积极性；2013年抽人员、组班子，多方汇报协调，解决了2号职工住宅楼住户房产证的办理问题；2012年开始组织干部在华亭县山寨乡峡滩村帮扶，2015年后在华亭县策底镇大南峪村精准扶贫，2018年调整到灵台县西屯镇柳家铺村精准扶贫，尽全所之力做了大量卓有成效的扶贫济困促发展工作，得到了市、县两级的好评和奖励。

毛泽秦，男，汉族，1962年12月出生，甘肃泾川人，硕士研究生学历，中共党员，正高级工程师。

1983年8月参加工作，先后在平凉地区灌溉试验站、平凉地区水利水电勘测设计院、平凉地区水利处工作，任技术员、工程师、科长等职务，2002年6月至2012年3月任平凉市水土保持科学研究所副所长；2012年4月至2019年3月任平凉市水务局副局长；2019年4月至2020年4月任平凉市水土保持科学研究所所长；2020年4月起任市水保科研所五级职员。

在水保科研所工作期间，两度提出并推行新的工作思路，分管的科研及科技咨询服务工作取得了创新发展，在推动水保科研所突破困难等方面做出了艰苦努力。主持完成的"平凉市纸坊沟流域水沙特性及水土流失规律研究"2008年获甘肃省水利科技进步二等奖，2009年获水利部大禹水利科技进步三等奖。2006年6月被评为"平凉市优秀共产党员"，2008年获"平凉市优秀科技人才奖"，2010年获平凉市

"十佳科技人才"称号，2012年获甘肃省委省政府"甘肃省优秀专家"称号，2019年获"甘肃省政府津贴专家"称号，2020年获甘肃省委"陇原人才"（C类）称号。

宋永锋，男，汉族，1968年8月出生，甘肃泾川县人，本科学历，中共党员，1990年10月参加工作，高级工程师。

1990年毕业于华北水利水电大学，先后任平凉市水利水电勘测设计院技术干部、副院长、院长，平凉市水务局副局长、平凉市农业农村局副局长等职，现任平凉市水土保持科学研究所所长。曾获得平凉市优秀青年奖、平凉市优秀科技工作者奖、甘肃省水利厅人饮工程先进工作者奖、省市多项科技进步奖和优秀咨询设计奖，荣立"三等功"一次。

参加工作以来长期从事水利工程勘测、规划、设计及建设管理工作，参与或主持完成水库、灌区、饮水安全、河堤治理等工程规划设计300余项。在担任市水务局副局长期间，主要分管全市水利工程建设管理工作，严格落实工程建设管理各项法规、政策、规定和制度，规范工程建设程序，狠抓工程质量、进度、安全和资金管理，使全市工程建设管理水平和能力大幅提升，建成了一大批高质量的水利工程，为全市水利事业发展做出了一定的贡献。

熊启基，男，汉族，1928年8月出生，甘肃灵台人，高小学历，中共党员。

1949年8月参加革命工作（入伍），先后在宁夏隆德县武装部、平凉地区地方病防治研究所等单位工作并任职。1980年12月至1983年11月任平凉地区水土保持试验站副站长；1983年12月至1987年4月任平凉地区水土保持试验站巡视员；1987年5月离职休养。

孙尚海，男，汉族，1943年7月出生，山东青岛人，大学学历，中共党员，高级工程师，享受国务院政府津贴。

1968年9月参加工作，先后在林二师下属林场工作，1975年6月至1984年8月在平凉地区水土保持试验站从事技术研究工作，1984年9月至2001年2月担任平凉市水土保持科学研究所副所长。

任职期间，在主管的科研工作方面取得了众多科研成果。其中：主持完成的"茜家沟流域综合治理试验示范"课题获1988年度甘肃省科技进步一等奖、1989年度国家科技进步三等奖；主持完成的"庄浪县梯田化建设及开发研究"课题获1999年度甘肃省水利科技进步特等奖、甘肃省科技进步二等奖；主持完成的"陇东黄土高原水土保持灌木研究"课题获林业部1993年科技进步二等奖；主持完成的"沙打旺引种、繁育、推广试验""陇东黄土高原沟壑区山楂水保经济林丰产栽培技术研究与推广""应用耗散结构理论配置水保林体

系及效益研究"三项课题分别获 1985 年、1993 年、1995 年甘肃省科技进步三等奖;主持完成的"黄土高原沟道防治开发有机生物工程技术研究与推广"课题获 2000 年甘肃省水利科技进步三等奖。1992 年获国家"有突出贡献中青年专家"称号。撰写学术论文多篇。

罗功,男,汉族,1946 年 11 月出生,甘肃康乐人,高中学历,中共党员。1965 年 1 月参加工作,在平凉县人民武装部工作,任副部长;1993 年 6 月至 2005 年 12 月任平凉市水土保持科学研究所副所长。在地区水保科研所任副所长期间,配合主要领导完成了科学研究及创办经济实体等方面的工作任务,并取得了显著成绩;在分管全所财务工作期间,严格按财务制度办事,保证了全所各项工作的正常运转。

柳禄祥,男,汉族,1964 年 11 月出生,甘肃庄浪人,本科学历,中共党员,高级工程师。

1987 年 7 月参加工作,先后在平凉地区水利处灌溉试验站、水政水资源站、水管科、计财科从事灌溉试验研究、水政水资源及水利工程管理、水利科研管理及推广、水利水保规划计划编制审查及水利水保财务管理等工作,2003 年 1 月至今在平凉市水土保持科学研究所从事水保科研试验研究工作,任平凉市水土保持科学研究所副所长。

　　自参加工作以来，先后主持或参加完成科研项目 16 项，其中获省科技进步三等奖 2 项，地厅级科技进步一等奖 3 项、二等奖 2 项、三等奖 2 项，省水利科技推广二等奖 1 项，在省、市级期刊发表专业学术论文 7 篇，主持编制了《平凉地区"十五"水利发展规划》和《渭河流域综合治理规划》，主持制定了《平凉地区带状种植丰产栽培技术规程》和《平凉地区"吨粮田"丰产栽培技术规程》。

郑金瑜，男，汉族，1965 年 5 月出生，甘肃庄浪人，大学学历，中共党员，高级工程师。

1986 年 7 月参加工作至 1989 年 11 月在平凉地区水电工程局工作并任副科级副局长、正科级副局长，主要从事水利工程施工管理工作；1999 年 11 月至 2009 年 9 月任平凉市水利中心试验站站长，主要从事水利科研试验工作，并取得了多项省、地区科研成果奖；2009 年 9 月至 2017 年 5 月任平凉市水土保持科学研究所副所长，主要从事水保科研、科技咨询与服务、项目建设、防汛安保等工作，并取得显著成绩。

王学功，男，汉族，1962年11月出生，甘肃平凉人，大专学历，中共党员。

1981年7月参加工作，先后在柳湖乡新李小学，平凉地区平凉市第一农业中学、教育局党委办公室、宣传部、上杨回族乡人民政府，平凉市崆峒区香莲乡人民政府、西阳回族乡人民政府、草峰镇人民政府，崆峒区水保局、林业局，平凉市国家级风景名胜区崆峒山管理局工作并任职，2019年5任平凉市水土保持科学研究所副所长。

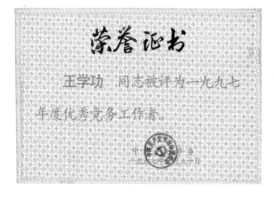

张淑芝，女，汉族，1943年10月出生，辽宁新民人，大学学历，高级工程师，享受国务院政府津贴。

1968年9月参加工作，先后在林二师下属林场工作，1975年6月调入平凉地区水土保持试验站工作，先后负责气象观测和化验室工作。

在主持化验室工作期间，首先开展了农化试验工作，其次为配合课题研究工作又筹建了土工实验室。在黄委会土工实验室学习培训三个月，之后全面开展了土工试验工作，为"水坠法筑坝试验"等课题提供了科学依据。

主持完成的"陇东黄土高原水土保持灌木研究"课题获 1993 年林业部科技进步二等奖；主持完成的"陇东黄土高原沟壑区山楂水保经济林丰产栽培技术研究与推广"和"应用耗散结构理论配置水保林体系及效益研究"两项课题分别获 1993 年和 1995 年甘肃省科技进步三等奖；主持完成的"古岔小流域土地资源合理利用的研究"和"水土保持综合治理减水减沙效益研究"两项课题分别获 1987 年和 1997 年平凉地区科技进步三等奖。1987 年在"茜家沟流域综合治理试验示范"课题鉴定会上，做了《用灰色系统理论分析茜家沟流域综合治理效益》的报告，得到了参会专家和地区行署领导的一致好评，该课题被评为国家科技进步三等奖。1995 年获甘肃省"优秀女科技工作者"称号，撰写学术论文多篇。

巩鸿有，男，汉族，1953 年 11 月出生，甘肃灵台人，大学文化程度，中共党员，正高级工程师。

1977 年 9 月毕业于北京林学院水土保持专业，1977 年 9 月至 1988 年 6 月在平凉地区水土保持试验站工作，其间于 1984 年 9 月至 1988 年 6 月任技术研究推广科副科长，1988 年 7 月调平凉地区水土保持总站任副站长。

在平凉地区水土保持试验站工作期间，作为

主要研究人员参与完成的"引洪漫地试验研究""纸坊沟流域坝系建设及效益研究""茜家沟流域综合治理试验示范"课题，分别获地区科技进步二等奖 2 项、国家科技进步三等奖 1 项。

任烨，男，汉族，1956 年 2 月出生，甘肃泾川人，本科学历，正高级工程师。

1976 年 12 月参加工作，从事水土保持事业近 40 年，主持和参与科技项目 18 项，获得省（部）级、地（厅）级科技进步奖 10 项，其中 2008 年至 2013 年参与完成了单位与中国林科院合作开展的"西北典型区域基于水分管理的森林植被承载力研究"课题中的子课题"甘肃泾川中沟小流域和黄土区基于水分管理的森林植被承载力研究"，为单位争取经费 31 万元。同时还参与完成了中德联合开展的"中国西北泾河流域产

水量对土地利用和气候变化的响应研究"课题。共发表论文和撰写科技报告 20 余篇。2002 年获得国务院"政府特殊津贴"表彰。2009—2013 年，连续 5 年被单位评选为"先进工作者"，2013 年被授予"市直水务系统先进工作者"荣誉称号，2016 年 2 月退休。

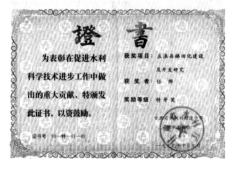

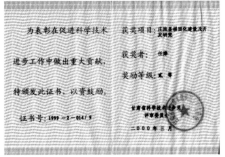

段义字，男，汉族，1966 年 9 月出生，甘肃镇原人，本科学历，中共党员，正高级工程师。

1985 年 9 月至 1989 年 6 月在西北林学院水土保持专业（现西北农林科技大学资源环境学院水土保持专业）学习，1989 年 7 月至今在平凉市水土保持科学研究所工作，生态技术科科长。中国水土保持学会会员，全国注册土木工程师（水利水电工程水土保持）、全国注册（投资）咨询工程师、全国注册水工建筑和水土保持监理工程

师、全国注册水利工程造价工程师。2005年入选平凉市"222"创新人才工程，2017年9月入选"平凉市领军人才（第一层次）"，2017年4月入选"平凉市第八批优秀科技人才"，2015年12月被评为"平凉市水利优秀科技工作者"，2011年4月被评为"平凉市直水务系统技术能手"。先后主持或作为主要研究人员完成省、市级水利水保科研项目13项，获得省（部）级科技进步奖2项、市（厅）级科技进步奖10项。在《中国水土保持》等国内核心期刊上发表、交流专业学术论文36篇。主持或参加编制完成水利水保工程规划设计及可行性研究报告35项，完成部、省、市评审通过的生产建设项目水土保持方案报告书40多项。

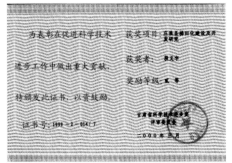

陈泾瑞，男，汉族，1957 年 12 月出生，陕西渭南人，大专学历，1976 年参加工作，正高级工程师。

1985 年 9 月考入西北大学地理系水土保持专业脱产学习，1987 年 7 月取得大学专科学历。2002 年 12 月入选中国科学技术协会"科技专家"人才库，2003 年入选平凉市"222"创新人才工程，2006 年获第六批"甘肃省优秀专家"称号，2013 年入选平凉市引进国外智力项目专家评审委员会成员；2002 年当选政协平凉市第一届委员会委员，2007—2017 年任平凉市第二届、第三届、第四届人大代表、常委会委员。10 余次被评为单位先进工作者。

参加工作以来，主持或参加完成科研项目 13 项，获得省级科技进步二等奖 1 项、三等奖 2 项，市（厅）级科技进步一等奖 1 项、二等奖 9 项；在《中国水土保持》等期刊上发表学术论文 3 篇；参与完成开发建设项目水土保持方案编制、高标准农田建设初步设计、坝系工程可行性及初步设计等水利水保规划设计、工程监理项目 30 余项。

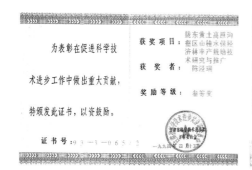

王立军，男，汉族，1962年1月出生，甘肃华亭人，本科学历，高级工程师。

1984年7月毕业于甘肃农业大学农学系，获得农学学士学位。毕业后分配到平凉地区水保科研所，一直从事科研工作。作为主要研究人员和主持人，完成并获奖的主要科研成果有6项，其中省部级科技进步奖一、二、三、四等奖各1项。撰写科研报告和科技论文12篇，交流发表论文4篇。1988年、1989年、1990年指导完成长江流域陇南文县水土保持总体规划、实施规划和官家沟泥石流详查。1996年破格晋升高级工程师。历任水保所技术研究推广科副科长、科长及水保研究科科长，协助所领导完成技术研究及推广项目21项，获奖21项。其中，省部级科技进步二等奖3项，三、四等奖6项；荣获"甘肃省水保科研工作先进个人"和"甘肃省水土保持先进个人"称号。

蒲玉宏，男，汉族，生于 1967 年 3 月，甘肃省庄浪县人，本科学历，中共党员，1990 年 10 月参加工作，高级工程师。

1990 年 7 月毕业于西北林学院水土保持系水土保持专业，同年 10 月分配到平凉地区水保科研所工作，1997 年起担任技术研究推广科副科长。2002 年 10 月调往甘肃省水土保持科研所工作，现为平凉市水土保持总站副站长。

在市水保所工作期间，先后主持和参加完成科研课题 7 项。其中：主持完成的"庄浪县梯田化建设及开发研究"科研成果达到国内领先、国际先进水平，获得甘肃省科技进步二等奖。参加完成的"小流域水土保持综合治理模式研究"科研成果获得甘肃省科技进步三等奖，获得地厅级科技进步奖励 4 项。在《中国水土保持》等国家一、二类期刊发表和交流论文 11 篇。2001 年获得第四届中国水土保持学会青年科技奖，多次被评为市水利系统、本单位先进工作者和优秀共产党员。

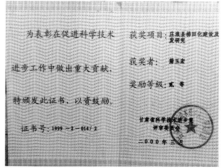

卞义宁，男，汉族，1964年5月出生，甘肃宁县人，本科学历，中共党员，高级工程师。

1986年毕业于黄河水利学校，1986年7月分配到平凉地区水土保持试验站工作至今（2009年2月至2010年2月借调到甘肃省水土保持局任甘肃省水土保持工程监理公司总经理）。主要从事水土保持科学研究、技术推广、技术咨询与技术服务工作，2006年入选平凉市第一届拔尖创新人才，2011年6月获得"平凉市第五批优秀科技人才"荣誉称号，2015年12月获得平凉市水利优秀科技人才奖。先后取得了全国注册土木工程师（水利水电工程水土保持专业）、水利工程监理总监理工程师、监理工程师、造价工程师，水土保持监测岗位、开发建设项目水土保持方案编制岗位（甲、乙级）资格证书等行业执业资格。作为主持人和主要研究人员，先后完成科研项目17项，其中获得国家科技进步三等奖1项，省（部）科技进步二等奖1项、三等奖2项，市（厅）级科技进步特等奖1项、一等奖4项、二等奖4项、三等奖5项。完成各类水利水保工程项目论证、可行性研究、初步设计，

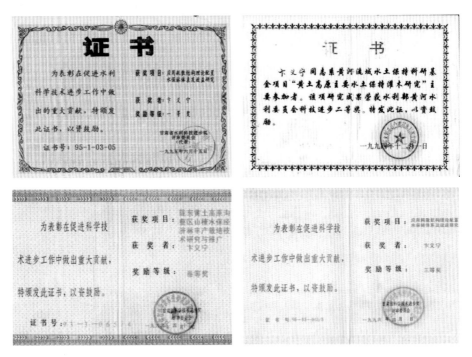

开发建设项目水土保持方案编制、水土流失监测及水土保持工程施工监理等技术咨询与技术服务项目 275 项。发表和交流科技论文 18 篇。

姚西文，男，汉族，1964 年 8 月出生，河南偃师人，大专学历，中共党员，1985 年 7 月参加工作，高级工程师。

1985 年毕业于甘肃省畜牧学校畜牧专业，1997 年毕业于甘肃农业大学园艺专业，获专科学历。1991 年 12 月被甘肃省水土保持局评为水土保持先进个人；2015 年获平凉市委、市人民政府"平凉市第七批优秀科技人才"奖；2006 年和 2010 年两次获平凉市水务局党总支"优秀共产党员"称号；参加 2018 年平凉市委党校春季主体班学习任班级临时党支部书记并获"优秀学员"称号；多次获得单位"先进工作者""学习先进个人"称号。

参加工作以来，曾多次参加农业系统工程与应用、灰色系统分析、土壤侵蚀与分析，水土保持生态工程监理工程师和总监理工程师、水土保持方案编制资格培训学习，获水土保持生态工程和水利工程监理工程师、总监理工程师、造价工程师资格和水土保持方案编制资格；主持或作为主要研究人员完成科研项目 12 项，获水利部科技进步四等奖 1 项，省科技进步二等奖 1 项，地（厅）级科技进步一等奖 3 项、二等奖 5 项、三等奖 1 项。在《中国水土保持》《人民黄河》等期刊及各类学术研讨会上发表、交流学术论文 18 篇；参加完成煤电化工、生态旅游、水利水保等项目可研论证、工程设计和监理咨询服务工作 60 多项。

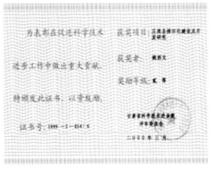

张永忠，男，汉族，1962年12月出生，甘肃静宁人，大专学历，中共党员，高级工程师。

1984年7月毕业于甘肃平凉农业学校农学专业，1995年8月—1997年6月参加甘肃农业大学园艺系自考学习毕业，获大学专科学历。1984年7月分配到原平凉地区行政公署水利处中心灌溉试验站工作至今，主要从事农田灌溉科学试验研究、技术推广、技术咨询及服务工作。

参加工作以来，在灌溉试验成果示范推广

（中试）万亩丰产方科技承包中成绩优异，受到平凉地区行政公署的表彰奖励；1991 年被甘肃省水利厅评为全省节水增产灌溉技术示范推广工作先进个人；2006 年 3 月获得中共平凉市委、平凉市人民政府授予的"平凉市优秀科技人才"荣誉称号；2001 年被中共平凉地直机关工委评为优秀共产党员。

　　作为主持人和主要研究人员，先后完成科研课题 27 项，获得省（部）级科技进步三等奖 2 项，地（厅）级科技进步一等奖 1 项、二等奖 3 项、三等奖 3 项，在国内各种科技期刊和学术会议上发表、交流论文 11 篇，撰写科技成果报告 12 项。

梁文辉，男，汉族，1959 年 9 月出生，甘肃平凉人，大专学历，高级工程师。

1981 年 7 月毕业于甘肃省水利学校，同年 8 月分配到平凉市水土保持科学研究所工作至 2019 年 10 月退休。其间于 1989 年 1 月毕业于北京水利电力函授学院，获大专学历。考取了全国水利工程造价工程师和全国水利工程建设监理工程师资格。参加工作以来，主持或参与完成的科研项目共有 10 项，其中获甘肃省水利科技进步一等奖 1 项、二等奖 5 项，获平凉地区科技进步二等奖 1 项。8 次被评为单位先进工作者。参与完成了纸坊沟水库、八里庙水库、高庄水库、静宁王湾、华亭小川等病险水库的除险加固工程和纸坊沟山洪灾害防治工程的设计及施工管理等工作。在国内专业学术期刊单独或合作发表学术论文 5 篇。

屈风莲（曾用名：屈凤莲），女，汉族，1962 年 4 月出生，甘肃崆峒人，大专学历，民建会员，高级工程师。

1985 年 2 月毕业于黄河水利学校水土保持专业，被分配到黄委会西峰水土保持科学试验站工作；1985 年 11 月调入平凉地区水土保持科学研究所工作。

1995 年参加甘肃农业大学园艺专业函授学习，1997 年 6 月毕业，取得大专文凭；1999 年 9 月加入民主建国会，2011 年 11 月取得水利高级工程师任职资格。2004 年 12 月任平凉市水土保持科学研究所妇女委员会主任（副科级）；2010 年 9 月任平凉市水土保持科学研究所妇女委员会主任（正科级）。2013 年 5 月由市水务局妇委会推选为平凉市妇女代表，参加了甘肃省第十三次妇女代表大会。曾先后三次获得“平凉市水土保持科学研究所先进工作者”荣誉称号，一次获得“平凉市水务系统先进妇女工作者”荣誉称号。

在水土保持技术科学研究中，先后获得了 13 项科研成果，其中省（部）级三等奖 1 项，地（厅）级一等奖 4 项、二等奖 6 项、三等奖 1 项。作为主要参加人员完成了 20 多项水利水保工程除险加固工程初步设计、水保方案编制等项目的概算及报告编写工作。在国家级学术刊物上公开发表论文 5 篇。

　　王辅，男，汉族，1969 年 1 月出生，甘肃静宁人，本科学历，高级工程师，民建会员。

　　1992 年 7 月毕业于北京林业大学水土保持专业，同年 7 月分配到平凉市水土保持科学研究所工作至今。2004 年受中国政府派遣，赴尼日利亚执行由中尼两国政府和联合国粮农组织（FAO）三方协议框架下的"南南合作"项目——粮食安全特别行动计划（S.P.F.S），执行期 3 年，担任中方技援团驻尼日利亚西北片区（Kebbi 州）组长兼翻译。曾为甘肃省第十二届人大代表，平凉市第三届、第四届政协委员。

　　参加工作以来，先后主持科研课题 4 项，参与完成 4 项课题研究，主持或参与完成 20 多项国家级、省级、市县级重大水利水保工程项目的现场勘测、规划、设计及工程监理工作。获得甘肃省水利科技进步一等奖 1 项、二等奖 4 项，平凉市科技进步一等奖 1 项、二等奖 1 项。在国家级学术刊物《中国水土保持》《世界农业》上独立发表本专业学术论文 5 篇。2009 年 4 月被平凉市委组织部、市科协授予"第二届平凉青年科技奖"荣誉称号，2015 年 12 月被授予"市直水务系统先进科技工作者"荣誉称号，2007 年荣获由联合国粮农组织署和尼日利亚联邦政府颁发的"南南合作"特别贡献证书。

　　王安民，男，汉族，1982年2月出生，甘肃庄浪人，本科学历，中共党员，高级工程师。

　　2005年6月毕业于甘肃农业大学农业水利工程专业，同年7月参加工作。现任平凉市水土保持科学研究所径流监测站站长，其间两次扶贫帮扶，先后担任华亭县策底镇大南峪村党支部第一书记、静宁县细巷镇党委副书记。

　　参加工作以来，先后主持或参与完成7项水土保持课题研究、30多项水利水保科技咨询服务项目设计和5项水利工程项目的实施，荣获市（厅）级科技进步二等奖5项，在国家级和省级学术期刊上发表学术论文5篇。工作以来连续13年被单位评为先进工作者，考核均为"优秀"等次，3次被平凉市水务局评为优秀共产党员，1次被静宁县细巷镇评为优秀共产党员，2017年获得平凉市创业创新类"向上向善好青年"

荣誉称号。参加水土保持方案编制培训学习，获得水土保持方案编制资格，并通过自学获得全国水利工程建设监理工程师、全国水利工程造价工程师资格和二级建造师资格。

白小丽，女，1967年11月出生，平凉崆峒人，大专学历，民进党员，高级工程师。

1988年12月毕业于甘肃省水利学校水土保持专业，同年8月参加工作，2003年12月甘肃农业大学植物保护专业毕业。获全国注册水土保持监理工程师、注册水利工程造价工程师资格。2013年3月被评为"平凉市直水务系统先进工作者"。

参加工作以来，先后合作主持或作为主要研究人员完成省、市级水利水保科研项目13项，获得市（厅）级科技进步奖12项。在《中国水利》等国家及省级学术刊物、学术会议上发表、交流专业论文5篇。参加编制完成水利水保工程规划设计及投资概（估）算报告20余项。

何倩，女，汉族，1973年12月出生，甘肃礼县人，大专学历，民建会员，高级工程师。

1995年7月毕业于甘肃省水利水电学校水土保持专业，同年7月参加工作，2000年参加甘肃农业大学植保专业函授学习，2003年12月取得大学专科学历。参加工作以来4次被评为单位先进工作者，2011年获得"第三届平凉青年科技奖"。

参加工作以来，主持或参加完成科研项目8项，获得市（厅）级科技进步一等奖1项、二等奖6项、三等奖1项；在《甘肃农业》上发表学术论文3篇；参与完成开发建设项目水土保持方案编制、高标准农田建设初步设计、坝系工程可行性及初步设计等水利水保规划设计项目10余项。

参加水土保持方案编制培训学习，获得水土保持方案编制资格，并通过自学获得全国水利工程建设监理工程师、全国水利工程造价工程师资格和二级建造师资格。

韩芬，女，汉族，1982年9月出生，甘肃静宁人，研究生学历，硕士学位，中共党员，高级工程师。

2008年6月毕业于甘肃农业大学水土保持与荒漠化防治专业，同年12月到平凉市水土保持科学研究所工作至今，7次被评为单位先进工作者，2016年被平凉市水务局评为"巾帼建功标兵"。

参加工作以来，主持或参加科研项目4项，获得市（厅）级科技进步一等奖1项、二等奖3项。在《人民黄河》等专业刊物和学术会议上发表、交流论文5篇；参与完成开发建设项目水土保持方案编制、高标准农田建设初步设计、坝系工程可行性及初步设计等水利水保规划设计项目10余项。

参加水土保持方案编制培训学习，获得水土保持方案编制资格，并通过自学获得水利工程建设监理工程师、水利工程造价工程师资格和二级建造师资格。

朱岩，男，汉族，1961年3月出生，甘肃崇信人，大专学历，高级工程师。

1985年7月毕业于甘肃省水利学校陆地水文专业，1997年6月毕业于甘肃农业大学园艺专业。1985年7月分配到平凉地区水土保持科学研究所工作。参加工作以来，完成"纸坊沟流域水土流失规律"课题每年度5个水文站、8个雨量点基础资料观测、收集整理整编工作；编制每年度一、二坝水库及高庄中型淤地坝度汛计划上报崆峒区水务局和市防汛办公室。作为技术骨干主持或参与完成了市（厅）级科研课题8项、水利水保工程的规划勘测设计22项，3次被评为单位先进工作者，作为第一作者在《甘肃农业》发表论文2篇，在《城镇建设》发表论文1篇。

王可壮，男，汉族，1986年4月出生，甘肃靖远人，研究生学历，硕士学位，中共党员，高级工程师。

2013年6月毕业于甘肃农业大学水土保持与荒漠化防治专业。2013年11月到平凉市水土保持科学研究所工作，连续7年被评为单位先进工作者，并获得第四批"陇原之光"优秀学员称号。参加工作以来，先后合作主持或作为主要研究人员完成市（厅）级科研项目5项，其中获得水利厅科技进步二等奖2项；主持或参加编制完成水保规划项目3项；参与完成水利水保工程设计5项。在《中国水土保持》等刊物和学术会议上发表论文10余篇，其中第一作者3篇。参与撰写《甘肃黄土高原侵蚀沟道特征与水沙资源保护利用研究》专著中部分章节。通过自学考取了国家二级建造师执业资格及开发建设项目水土保持方案编制岗位甲级资格。

纸坊沟流域采用水坠法施工修建淤地坝，如今的坝地上疏果飘香。

平凉市水土保持科学研究所志（1954—2020）

第三章　群团组织及制度建设

第一节　群团组织

工会、妇委会、学术委员会等群团组织紧紧围绕水保科研所的中心工作，积极开展政治理论学习、文化、体育和学术交流研讨活动，不断加强思想教育，引导干部职工勤于学习、善于创造、甘于奉献、开拓进取、奋发有为，最大限度地把广大干部职工组织起来，调动好、保护好、发挥好、维护好广大干部的合法权益，最大限度地为广大干部职工办实事、做好事、解难题，为水保所蓬勃发展做出了积极贡献，充分发挥了群团组织广泛联系干部职工的作用。

一、工会组织

1965年2月，经平凉县总工会〔1965〕平工会字第018号文批复同意，平凉专区水土保持试验站成立工会组织。但后来由于"文化大革命"的开始，当时未选出工会负责人。改革开放以后，工会组织才逐步恢复和健全，其中，1990年至1996年工会未能按期改选，1997年恢复成立工会组织，以后再未中断。平凉市水土保持科学研究所的工会组织为宣传工会章程、活跃职工文化体育生活、关心关爱职工、助推水土保持科研事业的发展发挥了应有的作用。

平凉市水土保持科学研究所历届工会负责人见表3-1-1。

表 3-1-1　平凉市水土保持科学研究所历届工会负责人一览表

姓名	性别	籍贯	职务	任职时间	说明
张淑芝	女	辽宁新民	负责人	1978—1985	兼职
李林祥	男	甘肃灵台	负责人	1985—1988	兼职
李　禄	男	宁夏西吉	主席	1988.3—1989.6	科级
杨坤茹	女	陕西宁陕	主席	1997.5—2005.7	1997.5—2004.11　副科级 2004.12—2005.7　科　级
柳禄祥	男	甘肃庄浪	主席	2005.7—2008.5	兼职
车守祯	男	甘肃平凉	主席	2008.6—2014.5	科级
吴　昊	男	辽宁海城	主席	2014.5—2020.6	科级

二、妇女组织

为了抓好妇女工作，1994 年 6 月成立了平凉地区水保科研所妇女小组，张秀兰任组长。2004 年 12 月 24 日，市水保科研所成立了妇女委员会，经市水务局批准，第一届妇委会主任为屈风莲，2004 年 12 月至 2010 年 9 月为副科级，2019 年 9 月至 2020 年 12 月为正科级。妇女组织为配合工会工作、关心关爱女职工生活做了积极的工作，充分发挥了妇女同志"半边天"的作用。

三、学术组织

为了加强科研及学术研究工作，市水保科研所于 1988 年 1 月 6 日成立了学术委员会。1994 年至 2005 年学术委员会未能按期改选，也未继续开展工作。2006 年 6 月，又恢复了学术委员会组织，其职能主要是组织开展学术交流，科研课题申报、结题审查，专业技术人员职称晋升、岗位等级升级、各类荣誉称号评选推荐业绩材料审查等。

平凉市水土保持科学研究所历届学术委员会负责人见表 3-1-2。

表 3-1-2　平凉市水土保持科学研究所历届学术委员会负责人一览表

姓名	性别	籍贯	职务	任职时间
范钦武	男	四川成都	主任	1988.1—1993.6
朱立泽	男	甘肃镇原	主任	2006.6—2020.4
宋永锋	男	甘肃泾川	主任	2020.6—

2006 年参加建党 85 周年平凉市直机关歌咏比赛合影

2015 年全体职工观摩纸坊沟山洪沟道治理工程留影

2019 年全体职工赴庄浪、静宁观摩科研工作留影

2020 年参加平凉市万人太极拳展演活动留影

2020 年庆国庆文体活动部分女职工合影

第二节 制度建设

改革开放以前，市水保科研所（站）在制度建设上不够健全，尚未制定系统规范的规章制度。改革开放以后，随着事业单位改革的不断深化，单位内部机构逐渐健全，工作职能进一步明确，确定以科研试验工作为中心。为了规范工作程序，确保各项工作有序、顺利开展，1983 年地区水保站经反复研究讨论，制定试行了"办公室工作人员岗位责任制""科研课题承包岗位责任制""生产责任承包合同责任制""人员招聘制"等四项改革措施，做到了任务到人、责任到人，有奖有罚。这四项制度的实施，极大地调动了干部职工的工作积极性，进一步提高了工作效率，更好地发挥了制度建设在单位各项管理工作中的作用，尤其是"科研课题承包岗位责任制"的实施，使单位科研试验工作进入了快速发展阶段，到 20 世纪 90 年代初，科研试验工作从数量到质量都上了一个台阶，取得了显著成绩，获得了自建站以来最高奖——国家科技进步三等奖。

进入世纪之交，随着单位改革的进一步深化，在用人方面制订出台了《平凉市水土保持科学研究所实行聘用合同制管理实施方案》，实现了由固定用人到合同制用人的重大改变。同时，为了保证科学研究、科技咨询与服务工作稳步开展，制定出台了"抓科研促工作激励办法"和"科研管理工作制度"等 10 多项管理制度。

为了适应各个时期单位管理工作的需要，进一步规范工作程序，强化单位管理，推进作风建设，先后制定修改完善各项管理制度 8 次，为单位各项工作优质高效运行提供了坚强的制度保障。截至目前，制定出台包含"工作制度""党风廉政建设制度""请销假及考勤考绩制度""财务及资产管理制度""科研工作管理制度""安全生产管理制度""信访工作制度"等管理制度 17 项，对实现管理工作的程序化、规范化、科学化提供了可供遵循的依据，确保了各项工作规范、有序、高效的开展。

纸坊沟水库是平凉地区修建的第一座黄土均质水库大坝，经过了60多年仍然安然无恙，淤积形成的坝地上粮丰林茂，高速公路高架桥飞越而过。

平凉市水土保持科学研究所志（1954—2020）

第四章 基础设施建设

第一节 办公基地

平凉市水土保持科学研究所成立于 1954 年 7 月（前身为纸坊沟水文观测站）。当年在修坝时的取土场挖的土窑洞和之后修建的十几间土木结构平房里办公，条件十分简陋。1964 年 1 月，平凉专署批准在纸坊沟水文观测站的基础上成立了"平凉专区纸坊沟水土保持试验站"，当时有房屋 24 间、窑洞 10 孔，占地面积 6 000 多平方米，作为水保站职工办公、住宿用房。1969 年专区水保站下放平凉县管理，1970 年平凉县将县水保站 4 000 多平方米土地划拨县民政局修建了火葬场，房屋 12 间、窑洞 10 孔用于该场办公和住宿。下剩 2 000 多平方米土地、房屋 12 间留给水保站用于办公、住宿和试验，后来又挖了几孔窑洞，用于补充用房的不足。1985 年，当时地区水保试验站领导审时度势，首先从改善单位自身条件做起，积极调研，踏勘新址，在地委、行署及主管部门的大力支持下，用纸坊沟一坝坝地 34.5 亩兑换纸坊沟社（通讯站门前）台地 9 亩作为兴建办公实验楼基建用地。1987 年建成新的科研所办公实验楼，面积 1 795.5 平方米，系 4 层带帽内走廊砖混结构预制板楼房，2009 年进行了木门木窗更换、室内装饰增白改造，对屋顶进行了防水处理和维修。1989 年建成 4 层职工住宅楼一幢，面积 1 400 平方米，解决了职工住宿、就医、子女上学的困难，从而结束了自建所（站）以来职工家属远离城区居住土坯房的历史。1999 年又建成 7 层 28 户总面积 2 693 平方米住宅楼一幢，进一步改善了职工的住宿条件。

第二节 科研试验基地

平凉市水保科研所自 1954 年建立纸坊沟水文观测站以来，主要以纸坊沟流域作为科研试验基地，1983 年建立泾川官山中沟流域科研试验基地，在这两个试验基地开展了多项课题研究工作。

纸坊沟流域科研基地自 1954 年成立水文观测站以来，在该流域开展了气象、水文等观测，积累了 60 多年的基础资料，为水土流失规律、土壤侵蚀、水土保持生态农业技术等研究提供了第一手资料。现建有9要素自动气象园1处，坡度为5°、10°、15°（2个）、20°（3个）的径流小区7个，观测房1间，占地1.3亩，设卡口站泥沙自动监测系统，是目前甘肃省泾河流域重点治理区水蚀监测点。

官山流域位于平凉市泾川县，1983年根据"小流域水土保持林配置与效益研究"年度计划，在官山中沟流域三条支沟分别完成无喉量水槽的建设，完成18个径流小区的布设，建立气象站1处，开展径流泥沙、水文气象、土壤水分等观测。现建有7个观测点、12个径流场，标准样地内埋设14个蒸渗桶、RR-8210热扩散式植物茎秆液流监测系统1套。

老站办公区域

实验及办公楼（维修改造前后）

老站家属院

家属楼

纸坊沟八里庙水库一坝锁二沟，有力保护了下游坝地生产和人民群众生命安全。

平凉市水土保持科学研究所志（1954—2020）

第五章　纸坊沟流域坝系建设

第一节　坝系规划布设及形成

1954 年，纸坊沟流域被甘肃省和平凉专区选定为重点治理试验区和平凉市区治理洪水灾害的重点区。是年 3 月，开始在纸坊沟沟口修建纸坊沟大型留淤土坝（纸坊沟一坝），纸坊沟大型土坝是当时西北五省最大的留淤土坝。经过长期的探索，逐步配套、完善，从 1974 年起，纸坊沟沟道治理由单坝建设进至坝群建设，大、中、小并举，主、支沟共建，逐步形成坝系。现如今，纸坊沟流域坝系由功能互补、相辅相成、配套齐全和效益突出的大小 18 座土坝组成，它由主沟 2 座小（1）型水库——沟口纸坊沟水库（一坝）及中游的八里庙水库（二坝）、支沟 1 座小（2）型水库——高庄水库，以及分布于主、支沟的 15 座小型淤地坝、塘坝构成。

一、坝系规划布设

1. 规划布设目的

纸坊沟流域历史上是条危害平凉城区安全的害沟，多年来由于严重的水土流失，曾经给下游造成过许多重大的洪水灾害。因此，坝系规划建设的目的是以治理沟道、控制拦蓄洪水泥沙、除害兴利、开发利用为主。发挥坝系建设时间短、拦泥效益快的特点，在面上水保措施还不能短期奏效之前，起到大量蓄水、全面拦泥、大幅度高速度地减少入泾入黄泥沙的作用，同时通过用洪用沙淤建坝地发展本流域沟道农林业生产，又可进一步调动群众治理水土流失的积极性，逐步实现蓄用结合、多蓄多用、蓄浑排清，使社会、生态效益与经济效益同步，最终达到泥沙冲淤平衡、工程得到永续利用、流域生态得到改善的目的。

2. 规划布设的原则

一是群体防御的原则。即以骨干工程为主，小多成群，大、中、小相结合，构建以流域为单元的坝群防御体系，充分发挥骨干坝控上护下的作用，考虑诸坝的运行配合和合理布局，而不是各坝孤立建设，只从单坝单库条件是否有利出发，不考虑长远发展变化关系。二是讲求效益、除害兴利的原则。三是因地制宜、高坝低建，尽快实现水沙平衡和流域冲淤平衡过渡的原则。骨干坝采用高坝大库，泄洪洞采用小洞径低孔位，洞口可套接，容易调节升降，便于随时调节拦泥库容的工程设施，并从库泥面分多次加高坝体，使高坝处于低水头运行，最终达到高坝的施工方式，扩大库容，延长坝的防护能力和时限，增加滞纳水沙总量，多拦多蓄，蓄浑放清，尽快实现坝系水沙平衡和逐步实现流域泥沙冲淤相对平衡。四是坚持安全第一，高质量、严要求的原则。确保各个大、中、小坝在设计标准洪水发生时能正常运行，各自发挥分段拦蓄功能，从而起到群体防御的作用，确保坝系安全运行。

3. 规划布设的方法步骤和实施顺序

规划采取基础单元法，即在规划时先划分基础流域单元。骨干坝的建设施工也是以基础单元进行的。纸坊沟骨干坝的建设是先下游后中游再上游。具体是先在沟口修一坝（纸坊沟水库），待一坝泥沙库容淤满，土坝经过计划加高，至再无有利加高条件后，再在中游修建二坝（八里庙水库），并计划在二坝失去有利加高条件后，在上游石门处再建三坝（当时限于投资未能落实）。各坝分别分期加高到最终坝高。总之，纸坊沟坝系的建设配套是先骨干坝后中小坝，先主沟后支毛沟，先下游后上游，由基础单元至全流域，特别是注意主沟小坝群的配套，以全面发挥坝群效益。

二、坝系的形成

纸坊沟坝系的形成大体经历了三个阶段。

1. 仿水库建设时期（1954—1967年）

1954年建设之初，纸坊沟骨干坝（水库）的坝库建设完全是按水库建设要求进行的，其目的是解决纸坊沟洪水对平凉城区的威胁和减少入泾入黄泥沙，在指导思想上是大量蓄水、全部拦泥。纸坊沟骨干坝于1954年3月始建，1955年5月建成，当年蓄水，坝高24米，总库容139万立方米，控制流域面积18.03平方千米，是平凉地区建成的第一座水库。水库坝体为黄土均质坝，左岸设泄洪洞，右岸设开敞式溢洪道。

投运的第二年，流域内发生了一次相当于50年一遇的洪水，一次淤填掉死库容的67%，运行6年至1961年，水库迅速成为泥库，有效库容已不足防御百年一遇洪水。为此，按原指导思想，分别于1961年和1965年两次在淤泥面上贴坡加高土坝，使防洪要求再次得到满足，但泥沙淤积的沉重压力依然存在，随着时间的推移，泥库的再形成仍是客观必然。而且限于地形，纸坊沟水库再难加高，矛盾并未解决。严峻的客观实际迫使平凉地区水保站水库建设者意识到，在严重的水土流失区治理沟道，不能简单地走传统水库建设的路子，必须在泥库上做文章。特别是由于从1963年起在泥库亦即坝地上开始进行农业生产取得初步成功，启发人们认识到淤积不只是包袱，它同时也是财富，这个认识使纸坊沟的坝系建设从此转入变洪害为水利，利用水沙资源进行生产建设的阶段。

2. 淤地坝建设探索阶段（20 世纪 60 年代中期）

1965年，按照淤地坝构想进行八里庙土坝建设。当时根据淤地坝不同于水库的蓄清排洪而是留淤排清不蓄水、淤积快、滞洪时间短、防渗要求低，以及纸坊沟水库坝体内从未形成浸润线等特点，在设计中将坝坡改陡，并简化反滤体结构。同时，根据纸坊沟水库建成后实测洪水特点是洪峰大、总量小、历时短，土方费用和圬工价高的实际，研究采取高坝大库多蓄洪，靠泄洪洞早泄、多泄，而暂不设溢洪道。最后，还根据坝址地质条件，将泄洪洞由穿山隧洞改为坝下预埋涵洞，这些在今天已被众多沟壑土坝实践证实为可行的经验，但在当时确系不同于传统水库建设的重大变革，曾经引起不少争论，参与设计和施工的技术人员经过反复认真的研究计算，坚定了这一探索，并取得成功，从而走出了一条适于平凉市淤地坝建设的新路子。

八里庙水库在1967年夏季建成，当年6月22日就遇到一场10年一遇的洪水考验，坝坡、泄洪洞安全正常运行。至1973年，死库容如期淤满，坝地开始种植。迄今48载，连年丰收。在运行中又在泥面上自然地形成了排洪渠，有计划地加以堵截、疏导扩大，使之成为有滞纳性的槽库容，它对控制宣泄一般洪水、降低地下水位、保障坝地生产起到了重要作用，并成为淤地坝的重要组成部分，这在淤地坝的开发利用上是一个有意义的创新。1973年后，为满足城市防洪要求，提高防洪标准，八里庙水库不得不历经第二次加高，同时增设了溢洪道，但却不是出于对最初按淤地坝设计的改革和创新的否定，大坝安全运行的54年历史说明它的探索是有积极意义的。

3. 坝群体系建设阶段（20 世纪 70 年代中期至 2020 年）

在2座骨干坝控上护下作用下，1974—1976年对主沟道进行梯级开发，在支沟内建设小坝和塘坝4座，在八里庙水库以下的2 000多米长的荒沟，采用碾压及水坠等施工方法连续建成淤地坝11座，并以引洪漫淤及人工铺土相结合的办法一次将荒沟填成坝地，使荒沟梯台化，同时在众淤地坝一侧开设排洪槽，互相连接以排泄八里庙水库泄水及区间洪水，使沟道渠道化，原河道因此裁弯取直，侵蚀基点被抬高，改变了原主沟比降，使害沟成为旱涝保收的高产农田，完全改变了原来沟道弯曲迂回、乱石满滩、寸草不生的面貌。这些淤地坝靠上游骨干坝保护，不仅能消化区间洪水，同时每年又通过引洪拦淤，消化部分下泄洪水，使下游骨干坝使用寿命得到延长。在平时用于水产养殖，改善小生态环境，坝顶又兼以坝代路，连接纸坊沟、八里庙水库间的交通，方便交通运输和应急抢险，加强了各坝间的有机联系。2013年，建成庙沟坝，自此，形成了一个由主沟骨干坝、支沟小塘坝和主沟淤地坝群组成的建设有序、布局合理、相辅相成、功能互补的小流域沟壑坝系。

纸坊沟水库全貌

八里庙水库全貌

高庄水库全貌

大拐沟塘坝全貌

小拐沟塘坝全貌

庙沟塘坝全貌

主沟道水坠坝

纸坊沟流域水库、淤地坝、塘坝情况统计见表5-1-1。

表5-1-1　纸坊沟流域水库、淤地坝、塘坝情况统计

坝名	开工及竣工日期	控制流域面积（平方千米）	坝高（米）	总库容（万立方米）	滞洪库容（万立方米）	拦泥库容（死库容）（万立方米）
纸坊沟水库	1954年3月—1955年5月	18.03	24	140.0	57.6	176.4
	1961年第一次加高		26	175.0		
	1965年第二次加高		29	234.0		
1# 小坝	1974年春		4	2.7		2.7
2# 小坝	1975年春		3	1.5		1.5
3# 小坝	1975年		3	1.6		1.6
4# 小坝	1975年		4	1.3		1.3
5# 小坝	1975年夏		4	1.1		1.1
6# 小坝	1974年4—7月		7	7.0		7.0
7# 小坝	1974年8—10月		8	5.1		5.1
8# 小坝	1974年8—12月		6	3.6		3.6
9# 小坝	1974年冬		5	2.3		2.3

续表 5-1-1

坝名	开工及竣工日期	控制流域面积（平方千米）	坝高（米）	总库容（万立方米）	滞洪库容（万立方米）	拦泥库容（死库容）（万立方米）
10# 小坝	1975 年 5 月—1976 年 6 月		6	4.0		4.0
11# 小坝	1975 年 6 月—1976 年 7 月		5	3.3		3.3
大拐沟坝	1974 年 10 月—1975 年 5 月	0.35	12	8.4	2.8	5.6
小拐沟坝	1975 年		7	5.0	0.4	4.6
高庄水库	1975 年 5 月—1976 年 4 月	1.9	16	7.6	13	15.0
	1986 年加固		21.5	28.0		
斜沟坝	1974 年 10 月—1979 年 5 月		12	7.3	0.6	6.7
八里庙水库	1966 年 3 月—1967 年 6 月	13.5	25.3	103.0	85	103.0
	1974 年第一次加高		27.6	139.0		
	1982 年第二次加高		29.6	188.0		
庙沟坝	2013 年 5 月～6 月	0.645	10.0	5.59	3.81	1.78
合计				509.79	163.21	346.58

第二节　坝系工程设计及施工

纸坊沟坝系建设的设计、施工充分体现了水土保持工程因地制宜、就地取材、形式多样的特色，骨干坝、支沟小坝及主沟淤地坝各有不同布设顺序、设计理念和施工方法，它们既不同于水库建设，又不单纯是淤地坝。

一、坝系设计

1.设计者

纸坊沟大型土坝是黄河水利委员会选定的重点试验工程，由黄河水利委员会和西北黄河工程局主持设计，并派孙康琦、杨彦彪等 6 名水利专家参加指导，平凉专区专署组织工程指挥部，由当时的专署专员张可夫任工程总指挥，地区水利局总工雷玉堂和平凉地区水保站杨永立、刘清泰等十余人参与设计、施工。因纸坊沟主沟道穿过平凉市区向北汇入泾河，据历史记载曾多次发生洪水，危害市区人民生命财产的安全，所以当时设计把防洪安全放在首位，一期坝高 24 米，是当时西北五省最大的留淤土坝。后来 1961—1965 年纸坊沟大坝分两次加高，陆续扩改建溢洪道及洩（泄）

水洞，由地区水利局、平凉县水利局和水保站负责设计施工。

一坝（纸坊沟水库）两次加高 5 米后，场地再无适宜加高的余地了，基于平凉市区防洪的长远考虑，也为了在纸坊沟树立全面高质量的水土流失治理典型，1966 年由地区水保局局长李平安率雷玉堂、朱发春、文训其等及水保站的杨永立和有关技术人员，现场定案二坝（八里庙水库），选在一坝上游 4.1 千米处的八里庙为二坝坝址，并提出为了简化施工难度并节省资金，改贯例洩水洞由开山打隧道为坝下预埋涵洞，改进了施工方法和技术。后来 1974 年八里庙水库加高也由当时正在修建崆峒水库的杨永立等技术人员设计，水保站组织施工。其余 4 座支沟小塘坝和 11 座主沟道淤地坝都是由平凉地区水土保持工作站专业技术人员设计并组织施工的。

2. 防洪标准的确定

由于主沟小坝只在有控制的情况下引洪淤漫，不承担防洪任务。主沟骨干坝因为其库容坝高相当小（1）型水库，按 1978 年部颁设计标准应按 20 年一遇洪水设计，100 ~ 200 年一遇洪水校核，考虑到纸坊沟下游为平凉城区，提高为 50 年一遇洪水设计，500 年一遇洪水校核。各坝除独立负担控制面积内洪水的调蓄外，纸坊沟水库作为流域把口枢纽，还考虑了在校核洪水发生时，上游各生产坝溃决等最不利因素下的全流域拦洪任务，以解决纸坊沟水库上游坝库溃决发生连锁反应的问题。支沟小坝则按相应的塘坝及小（2）型水库规范为依据，由于按水库运用，一般设计库容较大，以增加使用年限。

3. 坝型结构

骨干坝按水库设计为三大件，即土坝、泄洪洞、溢洪道。按淤地坝设计则为两大件，即不设溢洪道。支沟小坝依此为两大件，主沟小坝仅设土坝，不设泄水建筑物。

土坝均为黄土均质坝，由人工夯实或碾压，小坝兼有采用爆破、水坠法施工的，多为分次加高建成，骨干坝初建 24 ~ 25 米，终极 29.9 米，支沟小坝高 10 ~ 22 米，主沟小坝 3 ~ 8 米。坝址地质一般为透水性沙砾河床，筑坝土质以中粉壤土为主。骨干坝下游设反滤体。

泄洪洞一般用于汛期泄洪，按无压管流设计，小坝为预埋预制混凝土管，骨干坝为浆砌石涵洞，断面为带反拱的马蹄形，进水口为竖井，井口高度用钢筋混凝土套管调整。涵洞出坝体后为明渠，出口设消力池。

溢洪道在纸坊沟坝系中只为骨干坝所设，进口为溢流堰，后接一段敞开式明流土渠，出口连接泄水陡坡，在土坝加高后设闸控流。

二、组织施工

1. 职工居民大会战时期

1954 年建立纸坊沟大型土坝时，由平凉专区专署成立工程指挥部，由当时的专署专员张可夫任工程总指挥，并由黄河水利委员会和西北黄河工程局各派几名水利专家参加指导，主要有孙康琦、杨彦彪等 6 人。水保站全力以赴参加施工，一切均按当时水库的施工要求施工。据杨永立回忆，有一次在指挥部会上，专署专员张可夫向地区水利局总工雷玉堂说："如果水库出了问题，你我俩人就把头留下！"由此可见水库建设的责任重大。当时施工人员最多达 2 000 多人，干部、工人、民工分两班倒，每班上 12 个小时，无节假日，直到 1955 年 5 月完工。1966 年修建二坝时，也是由受益村村民和城区干部、工人、居民共同修建。1973 年八里庙水库因水毁维修时，由受益村二沟村第四、五生产队出劳力和工具，平凉地区水土保持工作站派技术人员进行技术指导。1974 年二坝加高时由二沟村民主要负责出劳力，并报请上级部门批准，在南河道、东关区域内 20 多个中央、省、地、县办工厂和机关、学校及居民中动员一部分劳力参加施工。

2. 机械施工时期

由于八里庙水库没有灌溉效益，不属于社队管理，再加上项目建设制度的改革完善，再不能动员农村劳力施工，此后纸坊沟 2 座骨干坝除险加固工程都按基建程序设计和施工，实行合同制管理。

三、施工方法

坝系建设的施工方法及质量要求，基本上均按水库施工有关规范，特别是骨干坝因关系城市防洪，对质量要求更严。土坝夯压干容重都在 1.6 吨 / 米^3 以上，小坝群也在 1.5 ~ 1.55 吨 / 米^3 以上，对坝基和填土的理化指标都经过认真测试。所有建筑物砌体质量都全部按国家规定标准从严掌握。在施工方法上，由于淤地坝是淤泥排水利用，对蓄水防渗无特殊要求，在沙砾石河床透水条件下，土坝清基一般只清除表面腐殖土，而不是清至不透水层。在土坝加高时，因地制宜地采取内坡淤泥面排水风干，填干土挤淤后贴坡加高，建筑泄水涵洞时采取坝下预埋涵洞取代隧洞。土坝除夯填、碾压外，还创新了高含黏量土料的水坠法筑坝、爆破法筑坝等技术。

第三节　坝系运行管理及效益

一、坝系运行

坝系建设之初提出了工程运用的"三时期"运行方案。即初期的水库型时期，坝库的功能为蓄水兼防洪；中期为滞洪型时期，坝库的功能为滞洪兼生产；后期为淤地坝型时期，库坝的功能为生产兼防洪。这"三时期"运用方案是治沟坝系客观发展规律和主观认识深化相结合的产物，它广泛存在于水保治沟骨干工程和水利坝库工程中。

1. 初期——水库型运行时期

坝系建设初期主要是发挥其蓄水兼防洪功能。骨干坝的设计库容（死库容）未淤满前，泥沙库容常年蓄水，主要发挥拦（滞）洪拦泥功能，一坝 1955 年建成，控制着上游 18.03 平方千米流域面积上的洪水洪沙，消除了下游的洪害，泥沙库容常年蓄水，直至 1962 年死库容淤满前有 8 年时间蓄水，是水库型运行时期。二坝 1967 年建成，至 1974 年沙库库容淤满前，也有 8 年时间常年蓄水，即水库型运行时期。在水库型运行时期，防洪库容起着蓄洪滞洪、削减洪峰流量的作用，泥沙库容则在泥沙未淤满前还起着拦蓄洪水、沉淀泥沙、蓄洪放清的水库作用。及至保沙库容被淤满，防洪库容的防护、滞洪落淤作用尤在，但库泥面失去了常年蓄水条件，也从而度过水库型的运用时期。

2. 中期——滞洪型运行时期

坝系建设中期主要是运用其滞洪兼生产功能。纸坊沟水库运行到 1961 年泥沙库容淤满，库泥面全部暴露，终止了它的水库型运用方式，度过了它的水库型运行阶段，此后，1961—1965 年，两度扩建加高，亦只是增加了防洪库容洪水到来时继续拦洪落淤，洪水过后，库面仍然暴露，形成坝地再不蓄水。从 1963 年起，坝地开始耕种，最初种植小麦、大麦等夏田早熟作物。6 月底 7 月初大汛前即可收获，收后大汛中水库仍然起着防护、滞洪、落淤作用。9 月汛期过后库泥面逐渐风干，再行下种，至来年汛前又收割，进入了既防洪滞洪又落淤生产的运行时期。直至 1967 年共 5 年时间，是纸坊沟水库的中期——滞洪型运行时期，也是坝地形成时期。同样，八里庙水库到 1974 年，泥沙库容淤满，坝地开始形成后也开始耕种，运行了 9 年，到 1982 年两次扩建加高。至 2020 年连续 15 年都继续着既防洪滞洪又落淤生产的运行方式。

3. 后期——淤地坝型运行时期

坝系建设后期主要是运用生产兼滞洪功能。由于 1967 年在纸坊沟水库上游修建了八里庙水库，控制了上游洪水，支沟小塘坝控制了区间大部分面积上的洪水，主沟小坝又以漫渗的形式消散了区间部分山坡上和较小支沟中的洪水。纸坊沟水库库内淤泥面面积 15.40 万平方米，已耕种坝地 231 亩，泥面上已形成长 1 540 米、宽平均 8 米、深平均 2 米，滞纳量 2.50 万立方米的排洪渠。从 1968 年至今 50 多年相当长的时期内，纸坊沟水库库区以生产为主兼滞调特大洪水，即纸坊沟水库已进入了第三运行时期，成为生产型库。这个时期坝地能漫能灌能排，林草及各类农作物均可安全种植，旱涝保收。

随着骨干坝的加高，库泥面因落淤抬高，泥面排洪则相对加深加大，槽库容型排水的滞纳性和排水能力扩大，再通过面上的流域综合治理，来水来沙逐步减少，坝地面积又在逐渐扩大，坝地更有安全保障，过渡到后期——淤地坝时期——生产型库，趋于永续利用。

二、坝系管理

纸坊沟、八里庙、高庄三座坝建成以后，由平凉地区水土保持工作站管理，但是在"文化大革命"后，1969 年 12 月，专区水保站下放给平凉县管理以后，由于机构人员缩减，经费不足，便于 1971 年报请县生产指挥部批准，同峡门公社、二沟大队协商，将八里庙水库及其附属设施交由二沟大队代管，1973 年汛期，坝体出现严重滑坡和裂缝。为了维修养护好八里庙水库，切实担负起防汛、保护平凉城区安全的作用，加快农林生产经营和流域治理，水保站特向地区水电局报文，又收回了八里庙水库及其经营管护权。目前，纸坊沟 3 座水库均由平凉市水保科研所专门设立的水库管理科负责管护管理和防汛，主管部门为平凉市水务局。其余支沟小坝自建成起均由受益村社管护，按塘坝蓄水运行。主沟淤地坝坝地生产由受益单位或农户承包，每年自行引洪淤漫或排水。

自 1955 年起，设纸坊沟水库（一坝）、八里庙水库（二坝）、何家庄、东沟、西沟五个水文观测站，观测水情、汛情，近年建设安装了监控设备，进行远程实时防汛监控管理。定期对坝系建设进行大坝位移、沉陷、浸润线、渗流、淤积及全流域径流泥沙观测，各类观测均按有关规范进行，积累了丰富的资料。

纸坊沟水库安全管理制度牌

八里庙水库安全管理制度牌

高庄水库安全管理制度牌

高庄水库警示牌

三、坝系建设的效益

纸坊沟坝系建设效益是多方面的，它集中表现在保水保土效益、蓄水效益、增加水分蒸发效益、入渗效益、防洪减灾效益、保肥效益、增地效益、增产效益等。由于坝系的蓄水，创造蒸发、入渗条件，对增加两岸山地土壤水分含量、提高土地生产力、绿化美化流域生态环境都具有积极的作用。除此之外，由于以坝代路、以涵代桥，方便了流域内群众生产生活，生态、社会、经济效益都十分显著。

1.保水保土效益

坝系建设是纸坊沟流域水土保持防护体系中的重要组成部分，是控制水土流失的最后一道防线。从1955年开始，保水、拦泥减蚀，有效地减少了入黄泥沙，并为流域内发展生产提供了宝贵资源。坝群建成后，抬高了河床和沟坡的侵蚀基点，制止并减少了沟谷侵蚀。

2. 蓄水和增加水分蒸发效益

纸坊沟流域从1954年开始进行沟道治理工程建设，先后建成纸坊沟骨干坝（一坝）、八里庙骨干坝（二坝）和11座小型淤地坝及5座小坝和塘坝。坝库蓄水虽不能产生直接经济效益，但对增加土壤水分入渗，增加土壤含水量，增加水面蒸发，增加空气湿度，改善流域小气候，增加人畜生活用水，净化美化生产生活环境发挥了非常重要的作用。

3. 入渗效应

蓄水和坝地拦截渗入土壤中的地下水量平均每年10.08万立方米，这些入渗水既是下游地下水源的补给，又使两岸沟坡土壤含水量提高，增加了粮食作物生长、生产的土壤供水量。

4. 防洪减灾效益

纸坊沟流域坝系建设是一项防治洪水灾害、保障平凉东城区10万余人和二沟村何家庄42户182人的生命财产安全，且有利于平凉地区城乡建设和改善水环境的综合利用型水利建设项目，既是当地人民的民心工程，也是完善流域防洪体系的需要，对保护与促进平凉城区国民经济长期可持续发展，具有十分重要的意义。

5. 增地效益

纸坊沟流域从1954年开始建设的2座骨干坝、1座小型坝、15座淤地坝和塘坝，其中有2座骨干坝和12座淤地坝目前已淤积形成坝地，据测算净增稳产高产坝地487亩。原来迂回曲折的沟道变成宽、平、缓的沟台地。此外，纸坊沟水库以下至沟口的两岸城区，因行洪河道缩窄，从而增出土地80亩，已全部用于建成工厂和居民点。

6. 增产效益

从1968年起坝地逐步开始投入农林牧业生产，粮食、油料、苗木、水果、蔬菜等产量显著提高。它既为解决流域内群众温饱、增加经济收入提供了生产条件保证，其副产品又为发展畜牧创造了条件，同时，一批处于水库型利用时期的土坝可以进行水产养殖。淤地坝的建设以及坝地的淤积形成，使坝地两面沟坡上的梯田种植作物的适宜性提高，而且使产量大幅度提高。

7. 休闲旅游观光效益

坝系建设后，经过60多年的运行管理，再加之流域综合治理成效逐年显现，形成了以流域水土资源为载体、以坝系建设为基础、以生态建设和水土流失综合治理为途径的突出水土保持特色的小流域风景画廊。路旁、坝地发展起了油桃、葡萄、苹果、蔬菜等特色时令经济果园和菜地，支沟3座小塘坝吸引了很多垂钓爱好者，流域内村民发展起了生态园、"农家乐"等第三产业，是平凉城区人民休闲观光旅游的好去处。

纸坊沟水库坝地开心菜园

沟道经济林——葡萄园

沟道开发及生态治理景观

沟道经济林

第四节　防汛度汛及安全保障

从1954年起，纸坊沟流域坝系建设就以平凉城区人民群众安全度汛为主要目的，经过不断实践探索，逐步形成了完善的防汛度汛措施和运行机制。

一、防汛度汛机制体制

纸坊沟、八里庙、高庄三座水库由平凉市水土保持科学研究所管理，主管部门为平凉市水务局。市水务局主要负责落实防汛责任制，组织审查水库度汛计划，组织落实各项防汛抢险准备，审查水库抢险技术方案，组织抢险技术指导，负责除险加固资金筹措，参与应急会商，完成应急指挥机构交办的任务。1980 年起，每年由平凉地（市）委、平凉地区（市）行政公署（政府）、平凉地区（市）行政公署水利处（水务局）和平凉地区（市）防汛指挥部下达防汛工作要求及安排，平凉地区（市）水土保持试验站（所）拟订防汛度汛计划并报请地区水利处和地区（市）防汛指挥部批复并组织实施。由平凉地区（市）行政公署水利处（水务局）和财政处（局）下达防汛度汛经费。2008 年起，每年同时向崆峒区抗旱防汛指挥部办公室报防汛抢险应急预案，并组织防汛应急抢险演练。

平凉市水土保持科学研究所水库管理科负责水库的日常管理，严格执行批复的水库汛期控制运行计划；遇突发性灾害天气时，向市水务局及时报告实时雨情、水情及工程设施情况；完善气象水文资料整理和险情分析工作；负责辖区内抢险物资储备和抢险队伍建设；按要求做好防汛值班、抢险应急准备工作；负责出现突发事件时及时向下游乡镇及有关村、组报警，发现水库大坝险情时立即报告市水务局。

二、水库运行调度

纸坊沟、八里庙、高庄三座水库是专门以平凉市城区防洪为目的的滞洪调洪型水库工程，正常情况下不蓄水，在进入汛期后，按照"空库迎汛、调洪滞洪、控制泄量、泄空管护"的原则联合进行调度和运行。当纸坊沟和八里庙水库发生低于 50 年一遇洪水、高庄水库发生低于 20 年一遇洪水时，由平凉市水土保持科学研究所防汛工作小组调度。自 2019 年起，每年向平凉市水务局报送《纸坊沟、八里庙、高庄三座水库洪水调度（运用）方案》，呈请审查批复。

三、防汛责任人

纸坊沟水库、八里庙水库和高庄水库防汛应急指挥纳入平凉市、区两级防汛应急指挥部统一指挥、调度，平凉市水土保持科学研究所成立防汛工作小组和防汛应急领导小组。

防汛应急领导小组由所主要负责同志任组长，分管防汛副所长任副组长，各科（室、站）负责人为成员，下设信息报送、人员疏散撤离协调、防汛物资协调和防汛应急抢险 4 个工作组。负责水库和水情汛情的监测预警和信息报送工作，并在市、区防汛应急指挥部的统一指挥下，根据险情及时制定措施、组织实施和应急抢险；配合协调和组织防汛物资、人员转移等工作。

水库防汛抢险应急演练

水库调度演练

四、防汛度汛安全保障

每年汛期到来之前，市水保科研所召开防汛专题会议，安排部署当年防汛度汛工作，全面开展汛前检查。同时，成立了防汛工作小组和防汛应急领导小组，组建了防汛抢险队伍，明确了职责分工。全面贯彻落实水库安全运行责任制，落实三座水库政府责任人、水库主管负责人、水库管理单位责任人的大坝安全责任人全部到位，责任到人。制定水库管理制度和应急预案，增强防汛度汛工作制度保障及技术上的可操作性和科学性，从而更大程度地保证防汛度汛工作高效有序的开展。按照防汛度汛需求，建立了纸坊沟流域三座水库水旱灾害防御物资储备仓库，并制定物资管理和调运制度，为做好纸坊沟流域防汛度汛工作提供了物资保障。严格按照国家防总关于防汛值班的有关规定，做好值班值守工作，按要求、依程序、高标准，以高度负责的态度，切实做好信息的上传下达，确保汛情、汛令第一时间传达到位。做好水库日常巡视检查工作。建立了水旱灾害防御应急抢险队伍，并进行应急抢险演练，充分做好应对灾情、险情的准备工作，确保三座水库正常运行和防汛度汛的安全。

第五节　防洪减灾成效

由于严重的水土流失，纸坊沟在历史上就是危害平凉城区安全的最大害沟。据《平凉府志》："明嘉靖六年（1527年）六月，大雨、雷、昼晦，浚谷（纸坊沟）水暴涨，坏东廓（今中山桥东），自新街、太平桥、儒学、税务厢等，东及组谷（水桥沟），楼观、室、屋皆漂没，垫士女工贾以万计，或漂至西安之泾阳，高陵交口，得其赀货尸"。证实那次洪水曾淹没半个平凉城。此后，历代地方官常将在南河道（纸坊沟经城区段）筑城御水视为德政，然洪水仍危害不已。据史料统计，清道光年间，洪水暴发一次淹没1万多人；1937年7月，洪水冲走数百人，冲坏房屋，财产损失无数。

消除水害历来是纸坊沟流域治理的首要目标。新中国成立后，党和政府十分关心平凉城区人民生命和财产安全，对纸坊沟洪害治理特别重视，从1954年开始，相继建成了纸坊沟水库、八里庙水库、主沟水坠坝、支沟塘坝和小型水库组成的根治小流域洪水灾害的坝系工程。

在纸坊沟水库建成后的1957年7月24日，流域内7小时降雨量122毫米，最大暴雨强度为2毫米/分，洪峰流量达到158米³/秒，纸坊沟水库坝前水深20.6米，泄水洞、溢洪道全部出水。1996年7月26日，10小时降雨量153.3毫米，最大暴雨强度2毫米/分，平凉城区部分地段遭受侵袭，倒塌房屋345间，冲毁公路和城市基础设施多处，直接经济损失达4800余万元，但由于纸坊沟流域坝系的滞洪削峰作用，没有因纸坊沟洪水无控制下泄而对下游造成进一步的灾害。虽遭受两次洪水灾害，但下游无群众伤亡，有效地保证了平凉城区人民群众生命安全，纸坊沟作为一条为害肆虐严重的沟道的印象已在平凉市人民记忆中消失，这个效益是不可估量的。

纸坊沟流域坝群防御体系运行了66年，达到了原设计的防洪拦泥目的，是一项防治洪水灾害、保障平凉东城区10万余人的生命财产安全、有利于当地城乡建设的小流域综合治理工程。在20世纪60—70年代黄土高原地区小流域沟道治理中具有典型性和代表性，是新中国成立后党带领平凉人民创新治水思路、改善生态民生，治水害、兴水利的最大的民心工程，为建立同类型和相似类型地区用洪用沙关系、优化坝系防御体系提供了实践模型和理论基础。近年来，先后争取资金近3000万元实施了3座水库除险加固工程、山洪沟道治理工程、人畜饮水、以坝代路等项目建设，为加强平凉东城区防洪安全和促进地方经济发展发挥了重要作用。集中体现了习近平总书记"绿水青山就是金山银山"绿色发展理念，对实施黄河流域生态保护和高质量发展战略具有十分重要的借鉴意义。

东、西沟是位于纸坊沟流域中上游的两大支沟，经过多年的治理已是旧貌换新颜。从20世纪50年代就开始了纸坊沟流域气象水文观测和水土流失规律研究。

平凉市水土保持科学研究所志（1954—2020）

第六章　纸坊沟流域气象水文观测与水土流失监测

第一节 气象观测

1954 年，纸坊沟流域被黄河水利委员会和甘肃省水保委员会列为黄河流域重点治理区和试验基地，随即成立平凉水土保持工作推广站，随着1954 年纸坊沟一坝建设即开始水文气象观测，至今已观测了 60 多年。20世纪五六十年代水文气象观测为全单位的重点工作，即使到了七八十年代工作重心转移到科研试验上之后，纸坊沟流域的气象水文观测工作也从未停止，因此观测所取得的气象水文资料不仅系列长、项目全，而且在黄土高原地区具有很强的典型性和代表性，在平凉及周边地区的工程建设和经济社会发展中具有很重要的使用价值。

一、观测站点布设

自单位成立以来，纸坊沟流域先后设立了 5 个气象（雨量）观测点。

1. 马家新庄气象（雨量）点

该点是 1975 年设立的流域西南侧降水观测点，设于崆峒乡甘沟村马家新庄的马俊明家院内，安装自记雨量计 1 套，由马俊明代为观测，1998年撤站，2020 年恢复安装了全自动雨量观测设备。

2. 陈家庄气象（雨量）点

该点是 1956 年设立的流域东南部降水观测点，设于峡门乡湫池村核桃湾社陈家庄的苏英存家院内，1956—1958 年安装雨量筒测记，1980 年起安装自记雨量计测记，由苏英存代为观测，1998 年撤站，2020 年恢复安装了全自动雨量观测设备。

马家新庄全自动气象观测点　　　　　陈家庄全自动气象观测点

3.石窑碥气象（雨量）点

该点是 1956 年设立的流域南部降水观测点，设于崆峒乡甘沟村石窑碥社的黄生莲家院内，1956—1963 年安置雨量筒测记，1975 年起安置自记雨量计测记，由黄莲生代为观测，1988 年撤站，2020 年恢复安装全自动雨量观测设备。

石窑碥气象观测点

4.二夹沟气象（雨量）点

该点是 1956 年设立的流域中东部降水观测点，设于峡门乡二沟村二夹沟社，1956—1959 年安置雨量筒测记，1960 年撤站。

5.何家山气象（雨量）点

该点是 1956 年设立的流域中西部降水观测点，设于崆峒乡甘沟村何家山社，1956—1958 年安置雨量筒测记，1960 年撤站。

纸坊沟一坝气象观测站和纸坊沟二坝气象（雨量）点、何家庄气象（雨量）点同水文观测站同时建成并实施观测，详见本章第二节水文观测。

二、观测内容

1.降水

观测内容包括降水量、降水历时、降水日数、时段雨量、累计雨量、最大降雨量、雨强。

2.蒸发量

观测内容包括最大蒸发量、最小蒸发量和蒸发日期。

3. 温度

观测内容包括最低、最高气温，地温。

4. 湿度

观测内容包括最低、最高湿度。

三、观测设施及设备

1980 年以前降水用自记 DSJ2 型标准雨量筒观测，1980 年后用自记雨量计观测，蒸发量用 E20 蒸发皿进行观测。2020 年安装了全自动气象观测设备进行数据资料的观测，实现了数据的全自动智能化监测和传输。

第二节　水文观测

纸坊沟流域自 1955 年纸坊沟水库建成即开展水文观测工作，至今纸坊沟流域先后设立了 5 个水文观测站点。近年来，为实现纸坊沟流域水文自动化监测，不断加强纸坊沟流域水文观测基础设施建设和自动化监测仪器的购置安装，2020 年在流域出口卡口站和流域中下游水文监测站购置安装自动水位流量监测系统 2 处。

一、观测站点布设

1. 一坝水文站（纸坊沟水库出库站）

该站在纸坊沟水库 1955 年 6 月建成时设立，是融气象（1954 年 1 月即开始气象观测）和水文观测为一体的坝后小型观测点，控制流域面积 18.03 平方千米。测点距纸坊沟水库大坝下游 70 米，占地面积 500 平方米，站内建有办公房屋 4 间、化验室 1 间，在水库泄洪洞消力池后设有梯形断面水位流量观测渠 1 段 62 米、径流含沙量观测设施 2 套、自记雨量计 1 套、E20 蒸发皿 1 套，自建站以来长期有 2~3 名测工驻站观测。该站主要进行了降水、蒸发、温湿度、径流、洪水、泥沙的观测。2020 年一坝水文站改造升级为纸坊沟小流域综合控制站，设有巴歇尔量水堰和径流泥沙自动监测设备。

一坝水文站管理房

一坝水文站径流泥沙自动监测设备

一坝水文站全景

一坝水文站径流泥沙采集控制室

2. 二坝水文站（八里庙水库出库站）

该站是八里庙水库建成后于1980年设立，1981年正式施测，是融降水和水文观测为一体的坝后小型观测站，控制流域面积13.5平方千米。测点位于八里庙水库左坝肩，占地面积1 000平方米，站内建有观测操作室1间、办公室4间，并配有径流含沙量观测设施2套、自记雨量计1套，在水库大坝下游泄洪洞消力池后设有梯形断面水位流量观测渠1段长47米，自建站以来长期有2~3名测工驻站观测。该站主要进行降水、径流、洪水、泥沙的观测。

二坝水文站管理房

3. 何家庄水文站（纸坊沟水库入库站）

该站在 1955 年一坝建成时设立，1961 年撤站。1980 年重建，1989 年撤站，2020 年恢复建站，是融降水和水文观测为一体的库前小型观测站，控制流域面积 16.73 平方千米。该站位于纸坊沟水库大坝上游 1 550 米处，占地面积 300 平方米，站内建有观测人员办公室 3 间，站前建有梯形断面水位流量观测渠 1 段长 45 米，设有径流含沙量观测设施 2 套、自记雨量计 1 套，设站观测期间有 2~3 名测工驻站观测。该站主要进行降水、径流、洪水、泥沙的观测。

何家庄水文观测站

4. 东沟水文站

该站是 1985 年设立的汛期降雨径流泥沙观测站，1985—1987 年施测，1988 年撤站，控制流域面积 7.8 平方千米。测站位于八里庙水库坝上游 400 米的东沟沟口处，站内建有水位观测尺、观测取样台和 1 间观测室，设有径流泥沙观测设施 1 套，操作室及含沙量分析设施与二坝水文站共用。该站主要进行径流、洪水、泥沙的观测。

东沟水文站观测老址

5. 西沟水文站

该站是 1985 年设立的汛期降雨径流泥沙观测站，1985—1986 年施测，1988 年撤站，控制流域面积 3.7 平方千米。测站位于八里庙水库大坝上游 450 米的西沟沟口处，站内建水位观测尺、观测取样台和 1 间观测室，设有径流观测设施 1 套，操作室及含沙量分析设施与二坝水文站共用。该站主要进行径流、洪水、泥沙的观测。

西沟水文站观测老址

二、观测内容

1. 降雨量

观测内容包括时段降雨量、日降雨量、最大雨强、平均流量、平均流速、降雨侵蚀力。

2. 径流量

观测内容包括径流深、径流量、最大径流量、年径流量、多年平均径流量、径流系数。

3. 泥沙含量

观测内容包括逐次含泥沙率、逐次泥沙含量、年泥沙含量总量、输沙率、多年平均输沙率和最大日平均输沙率。

三、观测设施及设备

径流主要通过观测测渠水位或流速测算流量。其中 1955—1986 年采用水面浮标法流速仪法测算，1987 年以后采用水位流量法测算。通过测算沟水含沙量来推算径流悬移质输沙率。测试时，取样采用水边一点法，含沙量测算采用烘干法和比重瓶置换法。

四、历年气象水文观测人员

一代代平凉市水土保持科学研究所气象水文观测人在艰苦的工作环境和简陋的工作条件下，坚持常年观测、多年施测，获取了真实可靠的第一手气象水文数据，为纸坊沟流域的气象水文观测工作做出了重要贡献。根据查阅到的资料和对相关人员的不完全调查统计，历年气象水文观测人员名单如下：

杨永立	刘清泰	何立惠	侯赋承	王唤堂	马建伟	张杰仁
王清林	文秀绮	甘锡儒	雷玉堂	严德生	欧先跃	冯　宜
白长文	贺义顺	邵月娟	田立勤	李志文	杨英伯	王启瑞
张淑芝	陈　祥	黄海兰	冯光耀	李彦瑞	竹志明	巩鸿有
任　烨	张俊明	朱登辉	刘克道	刘恒道	朱福海	张林平
牛　辉	马恒祥	熊英明	陈胜昔	朱　岩	吕和平	李瑞芳

五、观测成果

在几代气象水文观测人员辛苦努力的基础上，分别于1983年和2004年对纸坊沟流域1955—1982年和1983—2004年降水、蒸发、水位、流量、径流、洪水、泥沙观测资料进行整理分析，汇编出版了《1955—1982年黄河中游泾河纸坊沟流域水土保持径流泥沙整编成果》和《1983—2004年黄河中游泾河纸坊沟流域水土保持径流泥沙整编成果》，在此基础上完成了"纸坊沟流域径流泥沙观测资料成果整编及水土资源高效开发利用模式研究"和"平凉市纸坊沟流域水沙特性及水土流失特点研究"两项课题。

第三节　水土流失监测

一、水土流失监测概况

纸坊沟流域自1954年被黄河水利委员会和甘肃省水保委员会列为黄河流域重点治理区和试验基地起，先后建立了10个水文及气象（雨量）观测站点，形成了小流域水文气象观测站网，采用地面观测、综合调查和资料分析相结合的方法，积累了 60 多年的水文气象、径流泥沙等监测数据，为研究纸坊沟流域及其他相同类型区水土流失规律提供了信息支撑。进入 21 世纪，国家在注重水土流失综合治理的同时，又加强了水土流失监测工作，在纸坊沟流域建设了省级水蚀监测点。

纸坊沟水蚀监测点是甘肃省水土保持监测网络和信息系统建设二期工程在甘肃建设的 38 个监测点之一，属于泾河流域重点治理区的水蚀监测点，编号为 DC6221114110。该监测点位于纸坊沟水库右坝肩外坡自然坡上，距平凉城区 0.9 千米，地理坐标为东经 106°36′04″、北纬 35°30′03″。建有 9 要素全自动气象园 1 处、观测房 2 间、实验室 1 间、径流小区 7 个，场地占地 5.3 亩。2014 年单位成立了径流监测站作为内设机构进行管理并开展监测工作，近年来按照省水保局要求进行监测数据汇总、整编、分析、报送。

二、监测站址设立情况

1. 气象观测场

气象观测场原建于 2011 年，占地面积 100 平方米，铁丝围墙，于 2019 年 8 月进行了升级改造，现占地面积 144 平方米，围墙为镀锌围栏。园内建有 9 要素全自动气象站 1 台和水面蒸发站 1 台，观测内容包括地温、气温、相对湿度、风速、风向、气压、降水量、总辐射、土壤湿度等，数据能够通过云平台实现无线传输，能够实时动态监测，在单位办公室内配备过程观测平台，可展示实时数据。

2. 径流小区

径流监测场建成于 2010 年 7 月，2010 年 8 月通过甘肃省水土保持监测总站和平凉市水土保持监测分站的验收。共建有 7 个径流小区，设在纸坊沟一坝下游坝肩东侧自然坡面上，每个径流小区宽 5 米，顺坡方向水平长 20 米，坡度为 5°、10°、15°（2 个）、20°（3 个），各径流小区保护带宽 2 米，集流池布设区设 2 米宽的保护带和人行便道，不同坡度径流小区之间衔接地段撒播紫花苜蓿防护。小区外设排水沟，排水沟外侧栽植刺槐生物围栏，其外再设置铁丝刺丝水泥桩工程围栏。排水沟拐弯衔接处设消力池，以减轻渠道冲刷。在径流监测场内设 2 间专用监测房，有观测所需的量筒、电子天平、蒸发设备。每个小区按要求采取相应的田间管理措施，定期开展监测工作。

3. 小流域控制站

在纸坊沟流域出口设控制站 1 处，由巴歇尔量水堰和泥沙自动监测设备两部分组成。其中巴歇尔围堰建成于 2010 年，流域泥沙自动监测设备及附属设施建成于 2019 年 5 月，安装在围堰卡口处，包括自动泥沙采样设备、流速流量自动观测设备、泥沙自动分析设备、无线数据传输模块及监测房 5 间，总占地 300 平方米。

径流观测场全貌

气象观测站

径流小区集流槽

径流小区集流池

径流小区管理房　　　　　　　　径流小区集流桶安装

三、监测站观测工作任务

（1）承担全国水土保持监测网络纸坊沟流域水土流失径流和信息平台建设甘肃监测点监测工作。

（2）参与国家级技术研究课题的技术协作，开展水土保持生态建设项目和开发建设项目水土保持监测工作。

（3）开展纸坊沟流域和泾川官山中沟流域水土流失规律的试验观测、径流泥沙、水文观测及研究工作。

四、监测站观测项目及内容

1. 降水特征指标

利用本单位径流场气象园配套的9要素全自动气象站（型号：PH-1）进行实时降雨数据收集和传送，通过电脑端配套的物联网环境监测系统随时进行下载，数据为每10秒记录一次，以凌晨00:00:00为起始点，23:59:59为观测终点。

2. 土壤水分

利用时域反射仪（TDR）测定，在每个径流小区上、中、下坡位分别设测管，深度200厘米。每月月初、月中及降雨过后，对每个小区内的土壤水分及时测定，每20厘米为一层，每层3组重复。

3. 蒸散发

利用自动蒸发站监测日蒸发量、年蒸发量。

4. 植被调查

植被类型、植被盖度、植被高度、田间管理。

5. 径流量和泥沙量

观测每场降雨结束后每个径流小区流出的径流和泥沙量。各小区径流量直接用水尺测量集流桶内的水深，然后通过桶底面积与水深计算得到。泥沙含量通过采样、沉淀、烘干、称重等环节后进行计算。

6. 土壤流失量

根据土地利用方式、水土保持措施、土壤侵蚀类型、侵蚀面积、泥沙含量等指标计算土壤流失量、土壤侵蚀模数。

五、监测设施设备

配备有9要素自动气象园、水分蒸发自动观测设备（UK-ZF-D）、土壤水分测定仪（TDR时域反射仪）、小流域泥沙自动监测设备及附属设备、烘箱、电子天平、笔记本电脑等监测设备。

土钻观测土壤水分取样

径流小区产流取样

径流泥沙样品分析

径流泥沙样品沉淀

全自动气象观测仪器

省水保局检查验收

六、监测成果

　　纸坊沟流域省级水蚀监测点建成以来，平凉市水土保持科学研究所径流监测站按照水土保持监测规范要求开展监测，及时分析整理数据，每年按时将整理成册的资料上报甘肃省水保局鉴定验收。

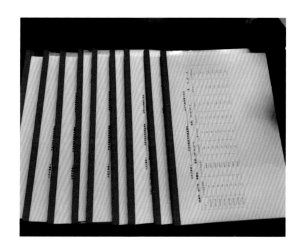

纸坊沟流域水蚀监测资料及整编成果

1983 年，茜家沟流域被列为第二批 52 个黄河中游水土保持小流域综合治理试点流域之一，经过 5 年的试点综合治理，形成了比较完整的综合防护体系，土地利用结构得到调整，产业结构趋向合理，经济增长速度加快，严重的水土流失基本得到控制，生态环境走向良性循环。该项研究成果获 1988 年甘肃省科技进步一等奖、1989 年国家科技进步三等奖。如今的茜家沟流域林海荡漾、生态美好，人民更加幸福。

第七章 水土保持科学研究

第一节　科研历程

平凉市水土保持科学研究所自 1954 年成立以来，水土保持科研工作始终紧密结合生产实践和社会经济发展需要，以揭示陇东黄土高原地区水土流失规律、提高平凉地区水土流失防治水平、加快水土流失治理步伐、改变农业农村生产生活条件、改善生态环境面貌、帮助贫困地区群众脱贫致富为初心和使命。66 年来，历届科研人员紧盯时代发展和科技进步前沿，在防治水土流失、保护和合理利用水土资源、防洪减灾、促进农业发展和农民增收等方面持续开展试验研究和技术推广，取得了丰硕的科研成果。

一、建所初期的科研工作——科研萌芽期（1954—1968 年）

建所初期的水土保持工作以纸坊沟流域修建淤地坝和流域综合治理为主。1954 年在沟口修建纸坊沟骨干坝的同时，在流域内由点而面大规模开展群众性坡面治理试点示范。1956 年完成了全流域水土保持土地利用规划。1958 年后因"大跃进"影响，加上随之而来的三年"困难时期"，流域治理趋于停顿，已有治理成果也因缺乏管理或标准不高受到影响。20 世纪 60 年代初期流域治理开始恢复，1964 年平凉专区专署成立平凉专区纸坊沟水土保持试验站，1964 年、1965 年连续两年组织城区职工居民"万人大会战"，对纸坊沟中下游进行高标准水土流失治理，为全区树立了大面积修建山地水平梯田和沟坡绿化的大样板。这一时期流域治理初见成效，与此同时，以粮食增产为目的的农业丰产耕作科研工作也随之开展。

1954 年建站以来，在纸坊沟水库出库站等处先后设立了 5 个水文观测点和 7 个雨量观测点，派专人对流域内降水、蒸发、径流、洪水、泥沙等水文和气象数据进行观测与收集，开展纸坊沟流域水土流失规律研究，这一时期的水文气象数据观测整理为之后《1955—1982 年黄河中游泾河纸坊沟流域水土保持径流泥沙整编成果》和《1983—2004 年黄河中游泾河纸坊沟流域水土保持径流泥沙整编成果》以及《平凉市纸坊沟流域水沙特性及水土流失特点研究》的研究积累了 50 年的基础资料。

二、1969—1978 年的科研工作

1. 探究摸索期（1969—1973 年）

1969 年，平凉县水土保持工作站下放到平凉县管理，科研工作进入探究摸索期。这一时期遵照毛泽东主席"以粮为纲、全面发展、自力更生、艰苦奋斗"的方针，全站工作以抓土坝维修管护和粮食生产为主，此时，站内工作性质尚不十分明确。1970 年，在学习"九大"精神和"农业学大寨"的旗帜下，水土保持工作站除抓农业生产外，逐步开始了水土保持工作，以封山育林、加强幼林抚育、成林管护和果园建设为主，与此同时，也开始总结生产过程中的数据资料和经验，构成了水土保持科研的雏形。1971 年，在继续加强农业生产和水土保持林木抚育栽植的同时，开始了平凉城区南山北源的水土保持规划工作，对站辖附近的纸坊沟流域以及周围的公社重点做出了《山塬区土地治理的"四五"规划》。1972 年，进一步开展山塬区水土保持工作，承办了山塬区水保培训班，对西阳回族乡的大小路河流域做了水土保持规划实施方案（1973—1980 年）。

2. 步入正轨期（1973—1978 年）

1973 年，平凉地区水土保持工作站恢复由平凉地区管理，科研工作逐步步入正轨。根据 1973 年 4 月"延安水土保持工作会议"精神，要求走出站、所，深入三大革命第一线调查研究、总结经验、建立试验基点，试行"领导、群众、技术人员"和"试验、示范、推广"相结合，打破过去"关门办站、闭门试验"的局面。同年 7 月，平凉地区革委会决定撤销平凉县水土保持工作站，恢复并成立了"平凉地区水土保持工作站"。是年，平凉地区水土保持工作站组织召开了纸坊沟流域综合治理座谈会，根据两年大干快变精神，以及"以土为首，土、水、林综合治理，为发展农业生产服务"的水土保持工作方针，初步制定了纸坊沟流域 1974 年、1975 年两年治理任务。科研工作开始了第一座水坠坝试验，1973 年 8 月至 1978 年 10 月，平凉地区水土保持工作站先后在平凉县小路河流域、纸坊沟流域和崇信县散花沟流域开展了 13 座水坠坝的试验，坝高从 6 米到 20 米不等，1 座蓄水灌溉、12 座拦泥淤地，这 13 座水坠坝试验从实际出发、面向生产，起到了拦沙、蓄水、除害、兴利诸多方面的良好效果。

1975 年 11 月 20 日至 12 月 2 日，水利电力部黄河水利委员会在天水市召开了黄河流域水土保持科研工作座谈会，提出了以改土、治水为中心，

实行山、水、田、林、路综合治理的要求。平凉地区水土保持工作站积极贯彻会议精神，紧密结合生产实践开展试验研究，于1975年当年完成了《水坠坝试验初步总结》《泾川县赫白大队引洪漫地调查》《水平梯田小麦增产报告》《纸坊沟流域治理成果与分析》《纸坊沟流域十几年来泥沙输出情况简介》《径流小区试验小结》《沙打旺引种试验小结》《杨树品种的引种试验小结》共计8项试验成果报告。

1976年，平凉地区水土保持试验站继续坚持"开门办科研"，深入农村、联系群众，承担了黄河水利委员会下达的"水坠法筑坝试验"和"洪水泥沙利用研究"两项课题，以及通过平凉地区科技局下达的省列课题"利用冲土水枪快速筑淤地坝技术研究"和地列课题"统筹法在农田基本建设中的应用研究"，水土保持科研工作步入正轨。1977年在泾川县赫白大队引洪漫地调查结果的基础上，平凉地区水土保持试验站在汭河流域境内的泾川县汭丰公社进行了3年的河川地引洪漫地试验，试验确定引洪漫地有改良土壤、提高地力、增产稳收、用洪用沙、变害为利等诸多好处，为平凉地区开发利用水土资源、增加良田开辟了一个新途径。

1978年和1979年完成了《应用推土机改造旧式梯田试验报告》和《南台生产队水平梯田高产稳产调查报告》，这两项研究不仅总结了平凉地区水平梯田在防治水土流失、稳产增产方面的经验，也试验研究了机械改造水平梯田的施工技术，提出了以"长远为目标，当前为基础，地块长不限，宽适量，长方成型，坎高相宜，便于农业机械化，合理地安排山、水、田、林、路"平整土地规划的基本原则。除完成续延课题外，还配合甘肃省水利厅水土保持局完成了《平凉县纸坊沟流域治理调查报告》和《泾川县二郎沟流域治理调查报告》。

截至1978年第一次全国科学技术大会召开前，这些成果大部分没有鉴定验收，只有少部分在科学大会之后经过鉴定形成了有评价结论的科研成果。

三、改革开放以来科研工作

1. 成果丰硕期（1979—2002年）

1978年3月全国科学技术大会召开，我国迎来了科学的春天。这一时期（1981—1985年）提出黄河中游水土保持要"加强领导、总结经验、巩固成绩、加快治理"的基本要求，科研工作贯彻"实现科研重点由科研单位转向农村两户一体和生产单位，科技主要力量由试验研究转向技术引进开发，科技形式由单一试验转向科研生产联合体，科研项目由周期长、投资大、效益差转向周期短、投资少、见效快，一律采取技术承包、课题承包、经营承包、有偿承包，实行岗位责任制，逐步做到按项目定人员、定投资、定时间、出成果、出效益"的科技工作方针，平凉地区水土保持试验站科研工作有了长足的发展，这一时期的科研课题大多数由黄河水利委员会和甘肃省水利厅统筹谋划直接下达到基层科研单位，科研课题涉及面广、数量多且经费足、成果丰硕。

1980—1985 年开展了"海子沟水坠坝体固结情况研究""优良草种选育试验""沙打旺结籽规律的研究""杨树引种试验""纸坊沟流域治理""纸坊沟流域水土流失规律研究""水土保持林体系防护效益的研究""姚儿湾大队从种草起步促进了农牧业的发展""庄浪县大庄公社滑山情况研究""平凉地区水土保持区划及治理意见"等 10 余项课题。1984 年平凉地区科学技术局鉴定验收了"沙打旺引种、繁育、推广试验""纸坊沟径流泥沙资料整编""水坠法筑坝试验""平凉地区引洪漫地试验""古岔小流域土地资源合理利用的研究"5 项课题，均获平凉地区科技进步奖，这是 1981 年平凉地区行署成立科技成果评审委员会后平凉地区水土保持试验站最早被验收的一批课题。

"七五"到"九五"（1986—2000 年）期间，甘肃省水土保持工作认真贯彻"经济建设必须依靠科学技术，科学技术工作必须面向经济建设"的科技战略方针，把水土保持工作和甘肃省农村经济建设、群众脱贫致富结合起来。15 年来，平凉地区水土保持试验站全体科研人员紧紧围绕水土保持小流域综合治理和"三田建设"等开展水土保持试验研究和推广，先后开展了 27 项科研课题及推广项目。"七五"期间，泾川县茜家沟流域治理指挥部和平凉地区水土保持科学研究所共同完成了"茜家沟流域综合治理试验示范"课题研究。1987 年 9 月 24 日至 26 日，由水利电力部黄河水利委员会黄河上中游管理局、甘肃省水利厅共同主持，在泾川县召开了黄河中游水土保持综合治理试点茜家沟流域验收鉴定会议。鉴定委员会对茜家沟流域综合治理成果和科研工作做了充分的肯定，与会专家一致认为，该项课题在揭示小流域水土保持综合治理的内在规律等方面有所突破和创新，在全国试点小流域治理研究中处于领先地位，具有较高的推广应用价值，成果获得甘肃省科技进步一等奖和国家科技进步三等奖。

"八五"以来，甘肃省水土保持事业迅速发展，平凉地区水土保持科学研究所按照"水保科研与流域治理、农业增收紧密结合，坚持科研为治理水土流失服务、为经济建设服务的宗旨，以水土保持重点项目为依托，深入水土流失防治主战场"，1987—1998年，先后开展技术研究和成果推广课题13项，内容涉及小流域水土保持综合治理措施配置、梯田开发及效益研究、沟道治理及坝系研究、水土保持灌木研究，其中8项获得地（厅）级科技进步奖，5项获得省（部）级科技进步奖。这些成果对提高平凉市水土流失防治的科技水平、加快水土流失治理步伐、促进粮食增产和农民增收等发挥了重要作用，产生了显著的生态、经济效益和社会效益，为平凉地区群众脱贫致富、改变农业生产条件、改善生态环境做出了很大的贡献。

2. 科研与咨询服务融合期（2003—2012年）

"十五"至"十一五"期间，平凉市水土保持科学研究所积极适应科研单位改革的新形势，在坚持科研工作的同时，开展科技咨询服务，以科技咨询服务反哺科研，实现由单一的课题研究向科学研究、科技咨询、科技成果转化方向转变，不断拓宽科研思路，将水土保持科研成果应用于水土保持和农业生产实践，共开展课题研究19项。这一时期以服务农业生产展开了经济林果和优质饲草引种和标准化生产关键技术试验研究，引种的树（草）种包括：果树有美国红提、树莓、水桃、红富士，优质饲草有鲁梅克斯、苜蓿、四翅宾黎等。围绕平凉市城市建设中的水土流失防治与环境治理、淤地坝高效开发利用等水土流失前沿问题进行了多项课题研究。同时，积极在生产建设项目水土保持科技咨询服务过程中谋划科研课题，依托科技咨询项目开展了"平凉地区煤矿、火电和城建区水土流失成因及防治措施研究"和"华亭县水资源开发利用智能化调控技术及其系统开发研究"等课题，获得了甘肃省水利科技进步二等奖。

3. 生态环境建设与脱贫攻坚服务期（2013—2020年）

党的十八大以来，我国将生态文明建设和生态环境保护纳入国家战略。平凉市水土保持科学研究所紧密结合习近平生态文明思想，集中力量在水土保持与生态保护、环境治理、生态修复、生态市建设等方面开展科研课题研究，为打好平凉生态环境保卫战、绿色发展持久战，重塑平凉新型水土关系打下了基础。完成了"平凉市水土保持生态修复分区评价指标体系研究""平凉生态市建设评价研究""黄土丘陵沟壑区规模化梯田果园农林复合生态经济效应研究""温凉阴湿山区中药材旱半夏高产栽培技术试验示范及推广""甘肃东部城市水土保持生态环境建设防范措施研究""平凉市欧李引种栽植及水土保持效应试验研究"的课题研究工作。目前，正在开展"撂荒耕地灌木林刺五加优化栽培及水保生态效应研究""优良杂交构树引种栽培及水土保持效应研究""平凉山洪灾害调查分析评价与应用研究"等8项市（厅）级科研课题的研究工作，正在扎实推进科技部"边远贫困地区、边疆地区和革命老区"三区人才支持计划的落实。

这一时期科研工作仍然存在着思路不活、立项困难、经费不足等问题。面对这一瓶颈问题，平凉市水土保持科学研究所领导班子及全体科研人员坚持向内求突破扎实储备和提高专业技能、向外走出去积极与高校及科研院所合作、向基层合作社和脱贫攻坚产业户延伸，以项目带动科研为抓手，与助力脱贫攻坚与乡村振兴有效衔接，落实好"三区"人才计划，拓展农民增收渠道，逐步破解新形势下水土保持科研工作立项难、周期长、推广应用性不强等瓶颈问题，积极寻求水土保持科研新路子，努力开创水利水保科研事业新局面。

"十四五"时期是我国全面建成小康社会、实现第一个百年奋斗目标之后，乘势而上开启全面建设社会主义现代化国家新征程、向第二个百年奋斗目标进军的第一个五年，也是加快推进生态文明建设、乡村振兴战略和区域协调发展战略的关键期。平凉市水土流失治理和生态建设仍处于补齐短板、提质增效的重要战略机遇期，平凉市水土保持科学研究所坚持以习近平生态文明思想和在黄河流域生态保护与高质量发展座谈会上的讲话精神为指导，践行新发展理念，落实高质量发展要求，积极谋划编制了《平凉市水土保持"十四五"发展规划》和《平凉市水土保持中长期规划（2021—2035）》以及《平凉市水土保持科学研究所 "十四五" 科研规划》。

平凉市水土保持科学研究所"十四五"时期的科研工作将以黄河流域生态保护与高质量发展为契机，以构建平凉关山—太统山生态安全屏障为总目标，以保护和合理利用水土资源为主线，充分发挥水土保持科技支撑、典型带动、科技示范、科普宣传方面的作用。紧紧围绕加强生态修复理论与技术研究，加快推进生态清洁流域建设、美丽乡村建设、水土资源优化配置、城市（城镇）水土流失防治、水土流失监测和智慧水土保持建设等方面的课题研究，为构筑陇东黄土高原生态安全屏障、建设绿色开放幸福美好新平凉提供有力技术支撑。

第二节　科研协作

平凉市水土保持科学研究所自建所以来，既坚持以自身技术力量自主创新研究，又坚持走出去、请进来的方式与相关国内外科研院所、高等院校（大学）、政府机构和基层单位协作攻关搞科研，不仅取得了骄人的成绩，也推进了水土保持科研事业向更深更细和更高层次的不断发展，为区域水土流失治理、生态环境改善和经济社会发展做出了应有的贡献。

一、与国外科研院所的协作

1987年，应兰州大学邀请，联邦德国西柏林自由大学 W.沃尔克教授于6月下旬至7月上旬来华访问，7月7日至8日沃尔克教授在兰州大学艾南山校长（教授）陪同下对黄河中游水土保持综合治理试点小流域泾川县茜家沟流域进行了考察，并对水土保持科学研究所承担开展的"泾川县茜家沟流域综合治理试验示范"项目进行了预审，提出了预审意见。W.沃尔克教授还就这次考察提出了自己的意见："根据我个人观点，你们这项成果是十分成功的。""从我的观点，已经完成的成功经验，应该向更多的人宣扬，方法必须向世界介绍。我认为，这也符合中国的政治利益。"2009年初，平凉市水土保持科学研究所与中国林科院森林生态环境与保护研究所、中科院水土保持研究所、甘肃省祁连山水源涵养林研究院的协作课题"西北典型区域基于水分管理的森林植被承载力研究"立项，实现了院所联合搞科研的历史性突破。2010年又与德国德累斯顿大学联合开展了"西北地区泾河流域土地利用和气候变化对水资源的影响研究"课题，2010年10月1日，德国德累斯顿科技大学卡尔·海因茨·费加教授（博士）、凯·施维茨博士、张露露博士等对平凉市纸坊沟流域及泾川官山试验基地进行了实地考察，并正式签署了合作协议，使平凉市水土保持科学研究所科研事业与学术交流实现了国际间的合作。2012年4月21日至23日，美国明尼苏达州圣奥拉夫学院（SaintOlaf College）生物环境系约翰·沙德（John schade）副教授、亚洲系张迅（Xun Z. Pomponio）副教授及本科生萨德·路达·路德维希（Sardh Ludda Ludwig）、卡琳·萨瑟（Karin Sather）、艾伦·乡绅（Ellen Squires）、罗伯特·J.通海姆（Robert J.Tunheim）、凯文·李·克林斯特拉（Kevin Lee Klynstra），兰州大学资源环境学院水文与水资源工程系钱鞠副教授、高前兆兼职教授，水文学及水资源专业硕士研究生韩晓燕、刘芬，水文与水资源工程专业本科生付喜、史鹏飞，参观考察平凉市水土保持科学研究所并开展学术交流。2015 年 3 月 10 日，德国德累斯顿科技大学费加先生在中国林科院王彦辉教授的陪同下来平凉市水土保持科学研究所泾川官山试验基地进行森林生态水文研究的野外考察与科研学术交流，进一步促进和加深了课题研究的合作与交流。

与德国专家交流座谈

德国专家实地考察

与德国专家留影

美国专家学者来纸坊沟径流场观察指导

与美国专家学者合影留念

二、与省部委及科研单位的协作

1988—1992年，黄河水利委员会、北京林业大学与平凉地区水土保持科学研究所等黄河中游地区18个研究所（站）合作完成了大型协作攻关项目"黄土高原水土保持灌木研究"课题，基本查清了黄土高原地区的灌木树种资源；1989—1992年，与甘肃省水土保持局、甘肃省水土保持科学研究所合作完成了"水平梯田试验研究"课题，在全省范围内对梯田建设技术、增产机制和增产措施进行了研究；1988—1992年，与甘肃省水土保持局、甘肃省水土保持科学研究所、黄河水利委员会西峰水土保持试验站、黄河水利委员会天水水土保持试验站合作完成了"小流域水土保持综合治理模式研究"课题，揭示出小流域综合治理的内在机制，提出了小流域治理的三阶段划分，对指导小流域治理具有较高的价值。三项课题均获得了省（部）级科技进步奖。

三、与高等院校的协作

1. 与兰州大学资源环境学院协作

2015年，兰州大学资源环境学院钱鞠教授及其课题组本着充分发挥高校与地方科研院所各自的优势，促进地方水土保持科研事业发展，深化高校教育体制改革，为社会培养更多高素质、高技能科研教学人才，提高本科生和研究生的科研实践能力与综合素质和"优势互补、项目共享、互惠双赢、共同发展"的原则，与平凉市水土保持科学研究所在平凉市纸坊沟流域合作开展了水土流失治理试验研究与示范推广研究课题，挂牌设立了"兰州大学资源环境学院教学科研实习基地"，合作时间为2015年6月至2018年12月。

合作期间，开展完成了"陇东黄土高原典型小流域降雨径流过程模拟""基于RUSLE模型遥感分析的纸坊沟流域土壤侵蚀变化研究""纸坊沟流域暴雨侵蚀与坡面人工降雨产流产沙试验研究"等方面的研究，作为实习基地为兰州大学资源环境学院本科生提供了理论实践的条件，先后帮助6名研究生完成了学位论文。

兰州大学学生在径流小区取样　　　兰州大学学生在纸坊沟径流监测站实习

兰州大学学生在纸坊沟流域进行人工降雨试验　　兰州大学学生在径流场开展试验

2.与甘肃农业大学协作

2016 年 4 月，甘肃农业大学资源与环境学院郎利教授同平凉市水土保持科学研究所以泾川官山中沟流域为基地合作开展了国家自然科学基金（31660235）"陇东黄土丘陵沟壑区典型小流域刺槐林分结构及其水文效应的时空变化"课题，选取陇东黄土高原半干旱丘陵沟壑区中沟小流域为研究区域，研究不同林分结构和不同微地形对土壤水分含量的影响，以及对林地水量平衡量及各分量（降水、截留、蒸散、径流、土壤水分）的影响，建立不同典型立地条件下的林地土壤水分平衡模型，探明刺槐林分结构及其水文效应的时空变化，为研究地区不同立地条件下的刺槐林的科学营造与管理提供理论依据。课题研究发表论文 6 篇，先后培养了硕士研究生 4 名。

甘肃农业大学资源与环境学院研究生实习　　　　安装试验仪器

试验观测仪器　　　　　　　　　　　　　　　试验数据采集

3. 与其他院校协作

1984 年，平凉市水土保持科学试验站与北京林学院协作攻关开展了"水保林配置及效益研究"；1991 年 6 月，西北林学院 30 多名师生、日本协力事业团 3 名专家和北京林业大学 60 多名师生来平凉市水土保持科学研究所及纸坊沟流域参观、指导和实习，进行水土保持理论和实践的经验交流，相互学习，共同提高，并确定水保科研所为该院的长期实习点；1988—1992 年，与西北林学院水保系合作完成了"陇东治沟骨干工程总体布局及坝系优化规划研究"课题；2008—2009 年，与西北农林科技大学合作完成了"平凉市纸坊沟流域水沙特性及水土流失特点研究"课题；2009—2011 年，与西北大学城市与环境学院合作开展了"建设型水土保持和生态保护与区域经济可持续发展研究"课题；2020 年 9 月至 10 月，与福建农林大学林学院进行了水土流失治理、监测和科研交流学习，双方同意以后继续加强交流和相互学习，取长补短，为各自所在省市水土保持科研与服务做出应有贡献。

赴福建农林大学参观学习

福建农林大学教授及研究生团队赴纸坊沟参观

四、与政府机构和地方院所协作

1981 年，由北京林学院和黄河水利委员会主持，于 3 月 18 日至 22 日在北京召开了"黄河中游水土保持科学研究试验站（所）水土保持林科研协作会议"，会议确定了 4 项研究课题，其中"黄河中游水土保持灌木树种的分类特性、经济价值和造林技术的研究"课题由天水站、兰州站、山西水保所、西峰站、平凉站、隰县站承担，完成柠条、红柳等几个主要水土保持优良灌木的分类学、生态学特征、造林技术及经济利用价值的研究；"水土保持燃料林（肥料林、饲料林）的研究"由兰州站、天水站、山西水保所、平凉站、定西站、右玉站合作完成，调查研究不同乔灌木树种组成的水土保持燃料林的生长状况、生物产量和经济价值，以及当地群众生活和生产用燃料的需要量和消耗量。1980—1991 年，平凉地区水土保持科学研究所和平凉地区师范合作完成了《崆峒山灌木研究》；2002—2006 年，与甘肃省庆阳水文资源勘测局合作完成了"纸坊沟流域径流泥沙观测资料成果整编及水土资源高效开发利用模式研究"。

五、与市县职能部门协作

从 20 世纪 80 年代以来，平凉市水土保持科学研究所与市县（区）水保局（站）密切合作，开展了多项科研与水土流失治理相结合的小流域治理试验示范、梯田建设与开发、坝系建设及效益等课题的合作研究。1981—1987 年，平凉地区水土保持试验站与静宁县水保局合作完成了"古岔小流域土地资源合理利用的研究"课题；1985—1987 年，与平凉地区水土保持工作总站、泾川县茜家沟流域治理指挥部合作完成了"茜家沟流域综合治理试验示范"课题研究；1984—1988 年，与平凉地区水利处、平凉地区水土保持工作总站合作完成了"夏季梯田建设推广及效益研究"课题；1985—1989 年，与平凉地区水土保持工作总站合作完成"纸坊沟流域坝系建设及效益研究"；1988—1992 年，与庄浪县堡子沟流域综合治理指挥部、平凉地区水土保持工作总站合作完成了"堡子沟流域综合治理模式的水沙调控及提高环境容量的研究"课题；1988—1993 年，由平凉地区水土保持科学研究所承担，平凉地区水土保持工作总站、崇信县水土保持工作站、崇信县柏树乡等单位协作，在崇信县三星流域联合开展了"三星流域生态经济系统结构优化设计方案及实施研究"课题；1991—1994 年，与华亭县水保站合作完成了"华亭县煤炭开采造成的侵蚀及其防治研究"；1994—1999 年，与庄浪县水保局和平凉地区水土保持工作总站合作完成了"庄浪县梯田化建设及开发研究"和"小流域水土资源开发与商品经济发展研究"两项课题；2016—2018 年，与华亭县策底镇大南峪村合作完成了"温凉阴湿山区中药材旱半夏高产栽培技术试验示范及推广"课题。

2001—2004 年，平凉市水利水保工程技术服务处、平凉市农村人饮工程建设领导小组办公室、静宁县农村人饮工程建设领导小组办公室和华亭县农村人饮工程建设领导小组办公室合作完成了"平凉市农村饮水工程自动化控制研究试验与示范推广"课题；2004—2006 年，平凉市水利水保工程技术服务处、华亭县节水型社会建设领导小组办公室和甘肃威士自动化工程有限责任公司合作完成了"华亭县水资源开发利用智能化调控技术及其系统开发研究"课题。

第三节　试验流域治理及科研试验研究

一、平凉市纸坊沟流域治理和科研试验研究情况

纸坊沟流域位于甘肃省平凉市泾河南岸，上游源于太统山脉的虎狼山，下游横穿平凉城区，流域总面积 18.98 平方千米，呈窄长的柳叶形。地貌复杂，上游为土石山区，中游为黄土丘陵区，下游为黄土残塬沟壑区。中游沟壑密集，坡度陡，水土流失极为严重，是全流域主要产沙区。下游开发程度最高，坡地多已成水平梯田及旧式梯田，水土流失较中游为轻。流

域涉及崆峒镇、峡门乡、柳湖乡 3 个乡（镇）的甘沟村、马家山村、湫池村、买家村、二沟村、桂井村、南台村、土坝村等 8 个行政村，总人口 8 798 人，其中农业人口 1 245 户 7 010 人。

流域地处鄂尔多斯台地西南边缘区，地形地貌沟壑密布、小型沟道发育，地势上南高北低，流域形状系数 0.275。流域最高分水岭处的虎狼山海拔 2 085.00 米，沟头海拔 2 075.00 米，沟口与南河道相汇处海拔 1 368.27 米，入泾河干流处海拔 1 337.05 米。流域在八里庙水库以上分东西 2 条支沟，其中东沟沟道长 8.38 千米，西沟沟道长 4.01 千米，共有沟道 120 条，沟道总长 57.24 千米。流域从东南分水岭到西北主沟道出口，依次分布有黑垆土、草甸土、红黏土、黄绵土、新积土五类土壤。水土流失面积 18.23 平方千米，治理程度 76.2%，流域林草覆盖率达到 56%。

流域属北温带半干旱大陆性季风气候区，多年平均气温 8.9 ℃，≥10 ℃年均积温 2 935.1 ℃，绝对最高气温 36.0 ℃，绝对最低气温 –22.7 ℃；多年平均年蒸发量 1 531.6 毫米，多年平均年日照时数 2 346.8 小时，年平均无霜期 155 ~ 180 天，多年平均风速 1.99 米 / 秒，最大冻土层层深 52 厘米；多年平均年降水量 516.4 毫米，一次最大降雨历时 10 小时、降水量 138.2 毫米（1996 年 7 月 26 日），最大降雨强度为 3.1 毫米 / 分（1985 年 8 月 14 日），主汛期 6—9 月平均降水量 388.1 毫米，占全年降水量的 70.7%。

由于严重的水土流失，纸坊沟在历史上就是危害平凉市区安全的最大害沟。历代地方官员将在南河道（纸坊沟经城区段）筑城御水视为德政，然而洪水仍危害不已，新中国成立后才将水土流失治理列入计划。1954 年，甘肃省委和平凉专署选定纸坊沟流域作为水土保持综合治理重点试验示范区，是全区水保工作的起点。纸坊沟流域从 1954 年开始治理，治理情况分以下几个时期。

1. 20 世纪 50 年代

流域治理以小型水土保持工程和造林为主。水土保持工程有地埂、软堰、水簸箕、谷坊、涝池等，造林工程有水平沟、鱼鳞坑等，对当时的水土流失起到一定的防治作用，但由于工程不配套，质量不高，缺少养护，部分工程很快淤满冲毁，失去拦蓄效益。

2. 20 世纪 60 年代

流域治理以梯田建设为主。在流域内大搞基本农田建设，共修水平梯田 1 737.2 亩，标准高，质量好，增加了群众粮食收入，有效地控制了部分水土流失。

3. 20 世纪 70 年代至 2020 年

流域治理以沟道坝系建设为主。从 1974 年起，纸坊沟沟道治理由单坝建设进至坝群建设，由主沟道筑坝御水进入开发性治理，大、中、小并举，主、支沟共建，逐步形成坝系。纸坊沟流域坝系由功能互补、相辅相成、配套齐全的大小 18 座土坝组成，它由主沟 2 座小（1）型水库——沟口纸坊沟水库（一坝）及中游的八里庙水库（二坝）、支沟 1 座小（2）型水库——高庄水库，以及分布于主、支沟的 15 座小型淤地坝、塘坝构成。坝系建设是纸坊沟流域水土保持防护体系中的重要组成部分，是控制水土流失的最后一道防线，纸坊沟坝系建设效益集中表现于保持水土、下游防洪、沟道开发、坝地增产等社会效益与经济效益以及生态环境的改善。1955—2020 年的 66 年中，纸坊沟流域坝系的保水、拦泥减蚀成效显著，有效地减少了入泾入黄泥沙，并为流域内发展生产提供了宝贵的坝地土地资源。

纸坊沟流域自被列为黄河流域重点治理区和试验基地以来，不断进行流域综合治理，至 2019 年底，流域水土流失治理面积达到 14.79 平方千米，其中水保林 267.55 公顷，梯条田 603.43 公顷，沟坝地 54 公顷，修筑水平沟、鱼鳞坑、水簸箕等 174 807 个，涝池、水窖 580 处，沟道谷坊、截水堰 255 座，小型水库 3 座、淤地坝 14 座，治理河堤 12 千米，水土流失治理度由 20 世纪 50 年代的 11.92% 提高到 76.2%。流域内各项水利水保设施保存较好，形成了较为完整的水土保持体系和水土资源高效开发利用模式，生态环境趋向良性发展。

自建所以来，以纸坊沟流域为依托，结合流域治理、坝系建设和生产开发，先后开展了"水坠法筑坝试验""纸坊沟流域坝系建设及效益研究""山区庭院农业经济试验研究""小流域水土资源开发与商品经济发展研究""平凉市纸坊沟流域水土资源耦合效应与可持续发展研究"等多项课题的研究工作。在纸坊沟流域内设立的 8 个气象水文及雨量观测站点和 1 个标准化水蚀监测站点形成的小流域水文气象观测站网，对流域降水、蒸发、径流、泥沙等气象水文资料进行了 60 多年的连续观测，整编刊印了《平凉市纸坊沟流域水土保持径流泥沙观测资料整编成果》（第一辑、第二辑），并以此为基础开展了"平凉市纸坊沟流域水沙特性及水土流失特点研究"课题的研究工作，该课题获 2009 年度水利部大禹科技三等奖。同时以纸坊沟流域为依托，积极与兰州大学、甘肃农业大学合作，为科研

纸坊沟流域上游植被及生态治理

八里庙水库大坝上下游植被及生态治理

八里庙水库上游淤积坝地开发利用

八里庙水库下游淤积坝地开发利用

纸坊沟流域坝地利用及生态景观

纸坊沟流域坝地开发利用

纸坊沟流域中游淤积坝地开发利用

纸坊沟水库上游沟道开发利用

合作和研究生培养、本科生实习打造了实验基地与科研平台。

二、泾川县茜家沟试验流域治理和科研试验研究情况

茜家沟位于甘肃泾川县的东南部，是泾河支流黑河的一级支沟，流域面积60.58平方千米，位于东经107°32′~107°41′、北纬35°12′~35°19′。流域属中温带半湿润气候，年均气温9.1℃，降雨587.8毫米。地貌类型属黄土高原沟壑区，流域塬面开阔平坦，沟深坡陡、地形破碎，重力侵蚀尤其严重，侵蚀模数高达8 000吨/（千米²·年）。

黄河中游水土保持小流域综合治理试点工作从1980年开始，在财政部的支持下，由水电部主持，在全国各个水土流失类型区开展的一项试验示范工作，第一批开展试点流域38个，第二批52个，茜家沟即为第二批试点流域。从1983年茜家沟流域被列为试点流域开始，平凉地区水土保持科学研究所即在泾川县窑店乡南头湾社设立试验站开展水土流失综合治理科学研究工作，并对流域治理的试验示范成果进行了科学总结。

1985年，根据水电部〔80〕水农字第52号和〔81〕水农字第19号文件的规定要求，由水电部黄河水利委员会黄河中游治理局具体安排部署，泾川县茜家沟流域治理指挥部和平凉地区水土保持科学研究所承担，平凉地区水利处、甘肃省水利厅水保局和黄河中游治理局科技处等单位协作，在泾川县茜家沟开展黄河中游水土保持小流域综合治理试点任务。

依照水土流失规律，对塬、坡、沟进行统一规划，按照因地制宜、因害设防、合理开发自然资源、提高经济效益的原则，设置了水土保持综合治理防护体系。流域内主要治理措施是梯田、条田和造林，其面积分别占治理面积的37.3%和39.9%，是流域内防治体系的两大支柱。塬面以建设水平条田为主体，以道路林和塬边防护林带为网络，以大量的塬面和塬边各种小型蓄水工程为补充的防护体系；塬坡建设以山地梯田、护林带、果园为主的防护体系；沟壑建设以沟坡防护林、柳谷坊为主的植物防护体系。

经过5年的试点综合治理，治理水土流失面积达66 000多亩，治理程度达到82%，土地利用率达89%，造林面积达总面积的40%，综合拦水效益达70.4%，拦泥效益达77.26%，经测定，1987年7月16日55分钟雨量达92.1毫米，全流域平均降水52.1毫米，经受住了暴雨考验。人均产粮达到477千克，实现了自给有余，人均收入373元，比之前的174

元增长 114%，比全县平均高 25%，群众的物质文化生活水平有了较大的提高，在黄土高原区起到了很好的示范作用。茜家沟流域的综合治理模式，形成了比较完整的综合防护体系，土地利用结构得到调整，产业结构趋向合理，经济增长速度加快，严重的水土流失已基本得到控制，生态环境走向良性循环，经济效益、生态效益和社会效益十分显著。

1987 年，由水电部黄河水利委员会黄河中游管理局、甘肃省水利厅主持，对"茜家沟流域水土保持综合治理试验示范项目"进行了鉴定。认为课题研究"预见性、指导性强，达到国内同类项目的先进水平，在揭示小流域水土保持综合治理的内在规律等方面有所突破和创新，测试、研究分析、提高试点成果方面在全国试点小流域中处于领先地位，具有较高的推广应用价值"。该项研究成果获 1988 年甘肃省科技进步一等奖、1989 年国家科技进步三等奖。

治理前的茜家沟

茜家沟防护林体系

茜家沟山地果园

茜家沟泡桐林

茵家沟水平梯田

德国专家考察茵家沟

茵家沟试点流域鉴定大会会场

1987年7月16日百年一遇雨后泾渭分明

治理后的茵家沟全貌

三、静宁古岔沟试验流域治理和科研试验研究情况

古岔小流域位于静宁县三合乡。地理位置为东经105°40′、北纬35°50′，处于静宁、会宁、西吉三县交界地带。流域面积0.64平方千米，属于黄土丘陵沟壑区第三副区。地势由西北向东南倾斜，海拔

1 740～1 902米，相对高差162米，地貌由分水的梁峁、坡面和沟道组成，沟壑密度1.12千米/千米²，土壤为黄绵土，植被稀少，水蚀、重力侵蚀及风蚀强烈。属中温带半干旱气候，多年平均降雨量462毫米，降雨分布不均，水土流失严重，土壤侵蚀模数为7 350吨/（千米²·年）。

1976年，由地、县领导协商，在具有代表性的静宁县北部寒旱山区三合乡古岔流域建立农林牧经济结构、按"三三制"经验配置、退耕还林还牧、改变单一经营、解决温饱、防治水土流失的试验点，并开始综合治理。1981年，黄河水利委员会及甘肃省、平凉地区有关部门下达了课题任务，在该流域进行土地资源合理性利用研究，并以邻近南岔小流域为试验对比沟，经过1976—1980年以兴修水平梯田和生物措施为主的综合治理，1981—1985年的土地利用结构调整，该流域农林牧得到协调发展。

为改变广种薄收、开垦过量、农林牧发展失调、水土流失严重、群众生活贫困的面貌，在古岔沟流域首先调整土地利用结构，进行用地比例调整。根据当时普遍推行的"三三制"经验，1982年农林牧用地结构逐步由8.6∶0.8∶0.6调整为3∶4∶3，农地减少52.8%，林地增加6.3倍，牧地增加6倍，使粮食单产提高5.3倍，林业产值增长1.8倍，牧业产值增长了7.5倍，从而使人均产粮和现金收入都有了较大的提高，严重的水土流失得到基本控制，实现了结构改善、功能提高、生态环境趋向良性循环。

古岔沟小流域在对土地利用结构进行调整的同时，注重农林牧生产的同步发展，农业以建设水平梯田的基本农田为主，由于水平梯田拦蓄了径流，正常年份在同一耕作措施下与坡耕地比较，水平梯田增产率达79.2%，提高了粮食产量，增加了农民收入，解决了温饱。针对该流域干旱缺水的现状，采取水土保持旱作农业措施，抓水土保持、深耕、拦蓄、增施有机肥，提高土壤肥力，以肥养土，提高降水利用率，使粮食单位面积产量获得显著增长；林业以发展水土保持防护林、用材林为主，同时注重发展灌木林和乔灌混交林；畜牧业以栽培当地适生的多年生豆科牧草紫花苜蓿、沙打旺、红豆草为主，年平均产鲜草18万千克，并利用休闲地种植豆科牧草，为养殖业的发展奠定了基础。

缓坡地修水平梯田、坡面造林种草、梁峁建立防护林体系，沟道插柳固沟防冲，节节拦蓄，有效控制了水土流失，经过近10年的努力，减少

了水土流失，发挥了蓄水保土的作用。截至 1985 年，治理水土流失面积
775.8 亩，治理程度 81.7%，年治理率 9.1%；提高了土地利用率，土地利
用结构向有利于建立新的生态环境转化，土地利用率达 86.6%；增加了植
被，治理后林草面积达 560 亩，占总土地面积的 58.9%，森林覆盖率已达
30%，形成了郁郁葱葱的自然景观。在古岔沟流域综合治理中，采取因地
制宜的原则，按不同的地类和立地条件，采取工程措施和生物措施相结合，
经济效益和生态效益相结合，传统的旱农耕作措施及新技术推广应用相结
合，促使农林牧各业全面发展，充分发挥生产潜力，经过近 10 年的努力，
严重的水土流失得到控制，实现了结构改善、功能提高，群众温饱问题得
到解决，生态环境趋向良性循环的新局面。

经平凉地区科技处鉴定，"古岔小流域土地资源合理利用的研究"课
题，从解决当地水土流失和生产中存在的突出问题出发，针对性强，适应
了结构调整的发展形势，为甘肃中部同类地区大农业结构调整和水土保持
治理体系的建立提供了一个比较切合实际的模式，具有推广价值，在省内
属于先进行列。该项成果获 1987 年度平凉地区科技进步三等奖。

四、崇信县三星试验流域治理和科研试验研究情况

三星流域位于崇信县东北，为汭河左岸的一级支流，地处东经
107°06′ ~ 107°10′、北纬 35°21′00″ ~ 35°22′30″，流域总面积 13.46 平方千米。
该流域自西北向东南倾斜，塬面较窄，且被沟壑切割而形成残塬沟壑，上
游主要由破碎残塬及切沟组成，以重力侵蚀为主，中下游主要由梁峁及侵
蚀沟组成，水力侵蚀及重力侵蚀并存。三星流域属大陆性季风气候，年均
气温 8.2 ℃，年日照时数 2 346 小时，年降水量 445.3 毫米，年内分配不均，
土壤属于黄壤土和黄绵土，个别地段经长期耕作演变为黑垆土。

三星流域生态经济系统以开发种植业为基础，对土地利用结构、生物
种群结构和物质能量投入结构的科学合理调控为核心，适用农业科学技术
措施的推广应用为手段，实行农牧结合，多业协调发展。在种植业生产中
采取增加物能投入、调整投入结构，推广应用水平梯田旱作丰产技术，截
至 1987 年，三星流域的种植业用地全部实现了梯田化，应用水平梯田旱
作丰产技术，不仅提高了种植业生产效率，增强了农业生产后劲，而且保
持了水土；在畜牧业生产中采取退耕种草建立稳产高产人工草地、引进优
良畜禽品种调整畜禽结构、进行畜禽科学饲养试验示范等措施；在综合治

理的过程中，新修梯田 156 公顷，营造防护林 110.81 公顷，在塬面径流汇集处修建涝池 14 个，村庄庭院的径流采用拦、引、蓄等办法使庭院径流就地拦蓄利用。

根据甘肃省水利厅甘水科字〔1988〕003 号文件要求，由平凉地区水土保持科学研究所承担，平凉地区水土保持工作总站、崇信县水土保持工作站、崇信县柏树乡等单位协作，在崇信县三星流域开展水土保持小流域综合治理和科研试验研究工作，对小流域生态经济系统的结构及其综合效益以及提高效益的各种技术途径、技术措施进行了研究，此项研究对于在具有一定治理程度的小流域生态经济系统内如何更进一步提高经济效益及其技术途径具有普遍的指导意义。

经过几年的治理，三星流域建成了以塬面梁顶水平梯条田、沟边沟坡防护林、沟底柳谷坊为主体，以沟头涝池和沟道小塘坝为补充的综合防治体系，取得了显著的综合效益：治理面积达 11.98 平方千米，治理程度达到 89%；经济结构发生了深刻变化，打破了以种植业为主的生产经营方式，农民收入增加，生活水平提高，人均产粮增长 71.7%；土地资源利用的生态合理性明显提高，林草覆盖率达到 30.9%，由于水土保持综合防护体系的补充和完善，使水保效益得到显著提高，蓄水效率达到 93%，拦泥效率达到 91.7%，综合效益指数上升到 0.607，系统功能得到了改善。

由平凉地区科技处主持，对"三星流域生态经济系统结构优化设计方案及实施研究"课题鉴定认为，通过小流域生态经济系统结构优化方案的实施，完善了水土保持综合防护体系，使系统结构得到合理调整，功能得到提高，试验研究期间累计新增产值 994.05 万元，新增纯收入 448.43 万元，在小流域治理中具有推广应用价值，成果达到同类研究的国内先进水平。该项研究成果获 1995 年度平凉地区科技进步二等奖。

五、庄浪县堡子沟试验流域治理和科研试验研究情况

堡子沟流域属渭河水系葫芦河一级支流，地处东经 105°46′10″~105°56′15″、北纬 35°16′45″~35°20′58″，位于黄土丘陵沟壑区第三副区，流域总面积 17.897 平方千米，最高海拔 1 985.12 米。流域由梁状丘陵所闭合，一条主沟所切割，内有 29 条支沟，沟道断面多呈"V"字形，沟道比降 1/40。地形破碎，沟深坡陡，流域径流模数 8.5 米^3/（秒·千

米²），侵蚀模数 10 300 吨 /（千米²·年），水土流失以水蚀为主，伴有重力侵蚀。该流域属大陆性温凉干旱农业气候区，光照充足，多年平均气温 7.9 ℃，极端最高气温 34.8 ℃，年日照时数为 2 179 小时，多年平均降水量 547.8 毫米，降雨时空分布不均。流域除下游出口处沟底部出现砂岩外，其他几乎全为第四纪黄土覆盖，其特点是土层厚，粉状或粒状结构，肥力较高，土质松软，不耐旱，易造成流失。

堡子沟流域是水利部黄河水利委员会黄河中游治理局在黄土丘陵沟壑区第三副区选择确定的一条科研、治理、开发、试验示范一体化试点流域，1988 年列项，同年甘肃省水利厅下达课题研究任务，至此科研与综合治理同步进行。

根据该流域自然条件、社会经济条件及水土流失的发生发展演变规律，以流域治理和梯田建设为主体，实行工程措施与生物措施相结合，治坡与治沟相结合，根据不同地貌单元的自然条件，对位配置治理措施。由梁峁顶沙棘为主的乔灌混交林带，梁峁坡紫花苜蓿、红豆草为主的人工草带，湾滩沟台层层梯田，沟坡护坡防冲林，沟底谷坊淤地坝五道防线，辅之以道路、村庄防护林和各类调蓄工程组成的点、线、面网络结构，形成了堡子沟流域水土保持综合防治体系。此外，根据土地资源现状、土地特性和环境条件，进行土地利用结构调整，将农、林、草用地比例调整到 3∶1∶1，使土地利用结构趋于合理。

通过 5 年的综合治理，严重的水土流失得到控制，侵蚀模数下降到 739 吨 /（千米²·年），拦沙效率 93%，蓄水效率 94%，林草覆盖率达 34.4%，治理程度达 86.6%，全流域土地利用趋向合理，农林牧各业并进，土地利用率达到 98.7%，粮食产量大幅度提高，人均收入增加，整个流域生态向良性循环发展。

经甘肃省水利厅主持鉴定，"堡子沟流域综合治理模式的水沙调控及提高环境容量的研究"课题，对于改善该流域生态环境，综合治理水土流失，充分合理利用自然资源，协调发展流域生态经济，提高流域人口环境容量，探索黄土丘陵沟壑区第三副区水沙调控的方法，发展区域经济都有重要的理论与实践意义。该项研究成果获 1995 年度甘肃省水利科技进步一等奖和甘肃省科技进步三等奖。

庄浪县堡子沟流域生态治理　　　　　　庄浪县堡子沟流域梯田

六、庄浪县榆林沟试验流域治理和科研试验研究情况

榆林沟流域属黄土丘陵沟壑区第三副区，地处东经105°54′14″～106°01′21″、北纬35°12′37″～35°17′26″，总面积56.43平方千米（均为水土流失面积），海拔1 968～1 601米，流域东高西低，上缓下陡，大小沟壑共有116条，主沟长12.43千米。榆林沟流域属大陆性温凉干旱农业区，多年平均气温7.4 ℃，极端最高气温34.8 ℃，蒸发量1 310.2毫米，日照时数2 179小时，多年平均降雨量548毫米，时空分布不均，一般集中在7—9月，流域水资源主要为天然降水，土壤以黄绵土为主，其次是麻土和黑土类，土质松软，易流失。

根据榆林沟流域自然特征，梁峁顶以预防为主，配置水保林措施，建立林牧业基地，开发利用地表及天然降水，梁峁坡以梯田为主体工程，配合道路、涝池、水窖等措施，沟道坡面工程造林，通过淤地坝建设，前期修库蓄水，开发利用地下水；建立了地膜玉米、坑种洋芋、地膜小麦丰产栽培及平衡施肥技术，并进行大田示范推广，同时应用地膜玉米丰产栽培技术结合节水灌溉，较旱地大田增产26.5%～42.5%；结合流域实际，建立梯田深层次开发，通过间作种植提高光能利用率，通过地膜覆盖和土壤覆盖，增温保墒，提高土地利用率。

在榆林沟治理过程中，以拦蓄降水就地入渗作为水土资源利用的基础，充分发挥黄土优势，采取耕作措施、生物措施和工程措施密切结合，节节拦蓄降水；以建设基本农田为突破口，水平梯田、坝地、川台地等蓄水拦泥效益显著，在流域内大抓基本农田建设，达到人均0.22公顷基本农田，提高了土地生产力，解决了农民吃饭问题，顺利调整了农林牧用地结构，从而改变了产业结构，提高了农民收入；水平梯田、道路、水窖、淤地坝等水土保持措施的优化设计和配置，充分体现了水土保持效益。

该课题由甘肃省水利厅下达课题任务，平凉地区水土保持科学研究所、庄浪县水土保持局、平凉地区水土保持工作总站共同承担，历时4年，实施开展了"小流域水土资源开发与商品经济发展的研究"课题。1999年，受甘肃省科委委托，由甘肃省水利厅主持对"小流域水土资源开发与商品经济发展的研究"项目进行了鉴定，认为该项目紧密结合榆林沟流域农业资源利用特点，以水土资源开发领域为突破口，形成了以梯田、集雨窖灌等工程措施与林草生态植被建设相配套的水土资源综合利用体系，使降水资源利用率提高了13.7% ~ 25.0%，土地利用率达到96.7%，为干旱山区光热资源、生物资源的有效利用创造了条件。该项研究成果获2000年甘肃省水利科技进步三等奖。

七、泾川县官山中沟试验流域治理和科研试验研究情况

中沟流域位于甘肃省泾川县东南，地理坐标东经107°27′、北纬35°12′。流域面积2.05平方千米，是泾河一级支流。中沟流域隶属鄂尔多斯台地西南边缘，流域内出露的主要地层为第四纪黄土，沟底处有新第三纪红色细砂岩出露（基岩）。地貌属于黄土高原残塬沟壑区，塬碎、坡陡、沟深。塬、坡、沟面积比是4.3 : 2.3 : 1，海拔在1 068.5 ~ 1 351米，相对高差282.5米，主沟道长3 065米，沟壑密度2.14千米/千米^2，沟道比降9.22%，塬面积占总面积的56.1%，沟间面积占30.7%，沟谷面积占13.2%。地貌发育阶段尚处幼年期，接近壮年期，内外营力对抗作用相当激烈。中沟水文站9年输出径流21.5万立方米，沟道产流1.5万立方米，坡面产流8.2万立方米，基流量11.8万立方米，基流量占总径流量的55%。该地属温带半湿润易旱区，多年平均气温10.7℃，多年平均降水量552.6毫米，其中6—9月降水量占全年总量的66%左右，且多以暴雨出现。年日照2 315小时左右，无霜期180天，湿润度0.3 ~ 0.5，干燥度0.96 ~ 1.23，年平均风速1.8米/秒，极端最高气温39.3℃，极端最低气温 –24℃。

中沟流域植被类型属森林草原过渡带，天然林已荡然无存，林木多是人工林。乔木树种主要有刺槐、杨树、泡桐、油松、臭椿、柳树等；灌木树种主要有紫穗槐、山毛桃、沙棘、花叶丁香、柠条、文冠果等，多为人工栽植，少有野生；人工栽植的草本植物主要有紫花苜蓿、草木樨、沙打

旺、红豆草等；野生植物有问荆、小灯心草、阿尔泰紫菀、胡枝子、多线悬钩子、小蓟、白草、芦苇、狗尾草、灰条菜等。地面多为深厚的黄土，土壤质地均匀，垂直节理明显，降雨季节相对集中，且多暴雨，抗蚀能力较差，水土流失形式以水力侵蚀为主，并伴有因水力侵蚀而诱发的重力侵蚀，局部时段有轻度风力侵蚀。特别是遇到丰水年，水力、重力侵蚀相当活跃，侵蚀模数为 6 650 ~ 8 700 吨 /（千米²·年）。

由黄河水利委员会和甘肃省水利厅联合下达，平凉地区水土保持科学研究所承担， 1982—1993 年历时 11 年的时间，以中沟小流域为试点，开展了多项目长序列的定点观测，确定了水土保持林体系的建设。

针对黄土高原水土流失严重、生态环境脆弱的特点，中沟流域采取植物措施与工程措施相结合的原则，配置了塬面条田防护林、道路防护林、梯田防护林、地埂防护林、沟坡防蚀林和沟道防护工程。通过长期实验观测，对官山流域 9 年的降雨、径流泥沙资料和 96 场侵蚀雨量进行详细记载和量化分析，利用 11 年的时间，以完整的小流域为单元，配置了 2.05 平方千米的时空有序、功能有序的水土保持林体系，确定了水土保持林体系的林种间和林种内结构，以及林种内密度和植物群搭配，形成了黄土高原沟壑区坡面防蚀林的最佳结构为乔灌草地被物组成的复层主体结构，对现有坡面刺槐林的适宜密度和结构进行了调整，同时利用梯（条）田埂坎营造主副带合理配置的农田防护林，使得中沟流域水保林体系经济效益和水保效益十分显著，直接经济效益 1979—1992 年共 385.8 万元，社会经济效益 425.3 万元，水保林体系发挥效益前的多年平均径流模数 65 100 米³/ 千米²、侵蚀模数 8 835 吨 / 千米²，发挥效益后的 9 年平均径流模数 11 600 米³/ 千米²、输沙模数 60 吨 / 千米²，保水效益 82.1%，保土效益 99.3%，平均洪水雨量占总降雨量的 34.8%，平均洪水径流量占年总径流量的 21.9%，平均径流系数 0.02，侵蚀面积减少 80%。

中沟流域水土保持林的配置及结构的改变，不仅增加了植被，改善了小气候，增加了生物种群，使得生态环境日益改善，而且推动了种植、养殖、加工各业的协调发展，实际经济效益已达 420 余万元，综合经济效益将会不断地增长，对贫困丘陵山区加快治理，发展生态经济，使千家万户共同富裕，起到了典型示范作用。

1994 年，由甘肃省水利厅主持，对依托中沟流域开展的"应用耗散结构理论配置水保林体系及效益研究"项目进行了鉴定，认为该项目应用耗散结构理论，在中沟流域配置了时空有序、功能有序的水保林体系，从理论上揭示了人工水保林体系调水功能的机制原理和过程，计算了系统的整体增益；在肯定林木根系有网络周围土粒、增加土壤抗剪强度、抵御径流冲刷水保效应的同时，首次提出林木根系对黄土的"分崩离析"作用；首次提出以单场降雨的平均雨强、最大 60 分钟雨量和单场降雨总量之积作为降雨的侵蚀指标；首次提出水保林的最佳结构是乔、灌、草和地被物组成的复层立体结构。该项研究成果获 1995 年度甘肃省水利科技进步一等奖和甘肃省科技进步三等奖。

土壤水分观测

径流泥沙观测

降雨观测

树干液流观测

第四节　科研成果

平凉市水土保持科学研究所自 1954 年建所以来，先后承担完成了水利部、黄河水利委员会、甘肃省科协、甘肃省水利厅、平凉地区（市）科技局下达的小流域综合治理、梯田建设与开发、水土流失规律、水保林草引种试验推广与栽培技术、开发建设项目与生态环境建设等各类科研试验项目60多项，共取得60项科研成果，其中获国家级科技进步奖1项、省（部）级科技奖12项、地（厅）级科技奖44项，通过验收3项。

一、引种及栽培技术试验研究

1."沙打旺引种、繁育、推广试验"课题

从1974年开始引进草种，经10年观测，沙打旺在平凉地区不同类型区的不同立地条件下生长良好，引种试验获得成功。试验证明，沙打旺耐干旱、耐瘠薄、耐盐碱和固氮能力均高于红豆草和紫花苜蓿，其生物量也最高。沙打旺的引进为难以利用的河滩荒地开发饲料资源找到新的途径。该课题获1985年度平凉地区科技进步一等奖、1985年度甘肃省科技进步三等奖。

2."陇东黄土高原沟壑区山楂水保经济林丰产栽培技术研究与推广"课题

由甘肃省水利厅下达，平凉地区水保所承担，项目研究分析了山楂在泾川、灵台、崇信三地的生长特性、栽培技术及田间管理措施，山楂林的水土保持效益与经济效益等。该项目为陇东黄土高原沟壑区小流域大范围推广栽培山楂树提供了可靠的栽植管理经验与技术，为水保工作中存在的高治理低效益状况提供了有效的解决途径，为山区群众脱贫致富开创了一条新路。该课题获1993年度甘肃省水利科技进步二等奖、1994年度甘肃省科技进步三等奖。

3."退耕宜林地甘肃桃栽培技术及开发利用研究"课题

首次在省内成功地选定甘肃桃（P.Kansuensis）作为退耕宜林地的水土保持、经济兼用型树种，丰富了该地区的水土保持和经济林树种资源，填补了甘肃省在退耕宜林地甘肃桃栽培技术方面的空白。构建的退耕还林兴林兴果模式为陇东地区全面实现退耕宜林地农业资源可持续利用提供了典型案例。应用系统分析法对退耕宜林地进行立地条件分析及甘肃桃适宜性评价，采用三因素三水平正交试验设计对甘肃桃高效栽培管理技术进行定量分析。采用收益还原法对甘肃桃在退耕宜林地的开发

利用进行增值评估和后续产业开发及经营效益研究，量化了退耕宜林地种植甘肃桃对提高土地质量、增加土地产出与收益、提高劳动生产率、增加农民经济收入等方面的作用，说明甘肃桃经济型水土保持林具有可持续性。该课题获2005年度甘肃省水利科技进步一等奖。

4."优质饲草鲁梅克斯K-1在平凉市适生性引种试验研究"课题

首次在平凉市内引种栽培优质饲草鲁梅克斯K-1试验取得成功，为平凉地区饲草业和草畜发展提供了新的种质资源。试验总结出了鲁梅克斯K-1饲草的品种特征、生长周期性状，对环境土壤物理性质和提高土壤有机养分的影响，制定出了引种、育苗、移栽、定植、丰产管理、

病虫害防治、饲喂、青贮等六大系列技术标准。试验研究提出的6项系统性成果，为甘肃省大部分地区大面积运用保护地或小拱棚育苗移栽优质饲草，加强饲草地浇水、施肥、除草、病虫害防治等管理技术提供了最优模式。该课题获2005年度平凉市科技进步二等奖。

5."优质葡萄——美国红提引种试验示范及推广"课题

采用定位观测试验与典型调查相结合,分析研究红提葡萄在陇东地区栽培的适应性。采用田间对比试验方法,进行相同立地条件下不同品种、

不同栽植密度、不同水肥条件下红提葡萄生长、生产适应性研究及丰产栽培技术研究,为黄土高原地区小流域水土流失综合治理、生态环境建设和区域支柱产业发展及其高效开发利用提供了科学依据。该课题获2006年度甘肃省水利科技进步二等奖。

6."四翅滨藜引种及栽培试验与示范推广研究"课题

对美国四翅滨藜引种适应性评价、良种繁育及栽培管理技术、病虫害防治等方面进行了研究,四翅滨藜引进和推广应用对于促进平凉市草畜产业发展、水土流失治理及生态环境自然修复具有重要的现实意义和指导意义。该课题获2007年度平凉市科技进步三等奖。

7."树莓优良品种引种及栽培技术研究"课题

根据树莓的品种个性特征,选择引进了基本适宜陇东地区栽培的优良品种24个,在试验区内进行系列品种对比试验。应用生物学原理,根据

栽培试验地树莓不同品种的生长发育特性、结果特性、生产特性的观察分析研究,优选出适合陇东地区栽培的夏蜜、维拉米、佳果、黑倩等13个优良树莓品种,为甘肃的果树发展提供了种质资源,提出了适合陇东地区的树莓优质丰产栽培成套管理技术,包括栽

植密度、栽植方式、水肥管理、整形修剪、病虫害防治等，为大面积推广提供了技术保证，在国内具有先进性。该课题获 2004 年度甘肃省水利科技进步一等奖。

8. "平凉水土流失区适宜树莓品种繁殖技术与示范"课题

提出了黑莓类品种压顶快繁技术、树莓类品种埋根快繁技术和树莓断根分生快繁技术等三项技术，其中黑莓侧枝条压顶繁殖技术具有创新性。

研究提出了树莓繁殖材料选取的基本要求和苗木质量评价指标、繁殖的适宜时间与操作方法、苗木生长管理等技术与措施，并建立了苗木繁殖基地，为树莓大面积育苗及示范推广提供了技术保证。该课题获 2008 年度甘肃省水利科技进步二等奖。

9. "达溪河流域甘农 2 号苜蓿引种繁育与示范推广"课题

首次在达溪河流域进行甘农 2 号苜蓿的引种试验取得成功，在达溪河流域地区开展了甘农 2 号苜蓿种子繁育及栽培试验并大面积推广，提出了一整套甘农 2 号苜蓿种子繁育、田间栽培管理、病虫害防治、饲草

加工利用技术体系，采用定点试验观测与调查相结合的方法，分析研究了甘农 2 号苜蓿在截留降雨、减少地表径流、增加土壤入渗、改良土壤结构、固持土壤等方面的水土保持效益。该课题获 2009 年度甘肃省水利科技进步二等奖。

10. "退耕宜林地杏树栽培技术推广及生态经济效应研究"课题

在对甘肃陇东退耕宜林地土壤、气候及杏树生物学特性系统研究的基础上，选择普通杏及兰州大接杏作为退耕宜林地的水保经济型树种。经过试验研究，提出了杏园育苗、栽植及低产园改劣换优、整形修剪及田间管理等技术体系，在陇东退耕还林工程中具有良好的推广前景。采用收益还原法对杏树在退耕宜林地的开发利用效益进行分析计算，种植杏树对改善

土地质量、增加土地产出与收益、增加农民经济收入具有明显效益。课题组在平凉市退耕还林工程中建立示范基地 36.5 公顷，辐射推广 358 公顷，累计生产鲜果 599.43 多万千克，总产值 719.32 余万元。该课题获 2009 年度甘肃省水利科技进步二等奖。

11."温凉阴湿山区中药材旱半夏高产栽培技术试验示范及推广"课题

以提高旱半夏单位面积产量、挖掘水土资源潜力为目标，提出了旱半夏高产栽培技术体系，通过三因素、三水平正交试验，提出了旱半夏播种施肥最佳组合，以合理的产投比（播种量／收获量）获取最大的经济效益。采取地膜覆盖栽培、垄作空地套种低秆作物黄豆遮阴技术，缩短了旱半夏倒苗期，提高了其产量。课题研究期间，累计示范推广面积 129.8 亩。该课题 2018 年 11 月通过平凉市科技局验收。

旱半夏

旱半夏种植

旱半夏遮阴

旱半夏种植技术培训

二、流域综合治理试验示范研究

1."古岔小流域土地资源合理利用的研究"项目

采用因地制宜的原则，按不同的地类和立地条件，采用工程措施和生物措施相结合，经济效益和生态效益相结合，传统的旱农耕作措施和良种及新技术推广应用相结合，促使农林牧各业全面发展，充分发挥生产潜力。流域治理分为两个阶段：1978—1980年以兴修水平梯田和生物措施为主的综合治理，1981—1985年进行农林牧用地结构调整。经

过近10年的努力，农、林、牧用地结构比例由8.6∶0.8∶0.6调整为3∶4∶3，严重的水土流失得到控制，森林覆盖率达30%。实现了结构改善，功能提高，群众温饱问题得到解决，生态环境趋向良性循环。该课题获1987年度平凉地区科技进步三等奖。

2."茜家沟流域综合治理试验示范"项目

依照水土流失规律，对塬、坡、沟进行统一规划，按照因地制宜的原则，经过对农村农、林、牧、水综合治理后，生产条件得到较大改善，生态环境逐步走向良性循环，经济效益和社会效益十分显著，治理程度达到82%，土地利用率达89%，造林面积达总面积的40%，综合拦水效益达70.4%，拦泥效益达77.26%。该项目在揭示小流域水土保持综合治理内在规律方面有所突破和创新，在测试、研究分析、提高试点成果等方面处于全国领先水平。该课题获1988年度甘肃省科技进步一等奖和1989年度国家科技进步三等奖。

3."小流域水土保持综合治理模式研究"项目

运用水土保持学、生态经济学、系统工程学原理,采用模糊聚类、线性规划、层次分析、投入产出等方法及计算机手段,收集了甘肃省不同治理程度的 694 个重点流域、试点流域治理成果资料,县级农业区划、水土保持规划及水保试验研究成果资料,重点剖析并跟踪调查了一批治理流域。在分析总结典型小流域治理过程的基础上,揭示出小流域综合治理的内在机制,提出了小流域治理的基础治理阶段、加速治理阶段、开展经营阶段治理过程三阶段的划分,对指导小流域治理具有较高的价值。该课题获 1993 年度甘肃省水利科技进步一等奖、1994 年度甘肃省科技进步三等奖。

4."堡子沟流域综合治理模式的水沙调控及提高环境容量的研究"项目

探索构建多层次、多级别、多循环、多生物种群匹配、多效益的时空调控交叉型"调、蓄、用水沙调控"系统综合模式,不仅对于改善该流域生态环境、综

合治理水土流失、充分合理利用自然资源、协调发展流域生态经济、提高流域人口环境容量有十分重要的意义，而且对于探索黄土丘陵沟壑区第三副区水沙调控的方法、发展区域经济都有重要的理论与实践指导意义。该课题获 1995 年度甘肃省水利科技进步一等奖、1996 年度甘肃省科技进步三等奖。

5. "三星流域生态经济系统结构优化设计方案及实施研究"项目

运用生态经济学和系统工程学原理，采用模糊综合评判法、线性规划法和系统动态仿真法对该流域生态经济系统的土地利用结构、农业生物种群结构进行了优化规划和动态规划，使系统内各子系统间达到结构合理、协调发展。针对生产经营过程中存在的关键技术问题开展试验研究，引进并筛选适合三星流域生态经济系统特点的多项适用科技措施，并将其推广应用到农、林、牧各个生产环节中去，达到小流域生态经济系统结构合理、综合效益提高的目的。通过小流域生态经济系统结构优化设计方案的实施，完善了水土保持综合防护体系，使系统结构得到合理调整，功能得到提高。该课题获 1995 年度平凉地区科技进步二等奖。

6. "应用耗散结构理论配置水保林体系及效益研究"项目

应用耗散结构理论，在中沟流域配置了时空有序、功能有序的水保林体系。系统地、定量地研究了人工水保林体系调水保土的有序功能，从理论上揭示了人工水保林体系调水功能的机制原理和过程，首次提出林木根系对黄土的"分崩离析"作用。首次提出以单场降雨的平均雨强、最大 60 分钟雨量和单场降雨总量之积作为降雨的侵蚀指标。首次提出水保林的最佳结构是乔、灌、草、地被物组成的复层立体结构。该课题获 1995 年度甘肃省水利科技进步一等奖，1996 年度甘肃省科技进步三等奖。

7."水土保持综合治理减水减沙效益研究"项目

分析了泾川县降雨、径流泥沙的年际变化和季节变化，剖析了中沟小流域12年的水文资料，分析了大沟与小流域水沙时空变化的异同，用4个水文站80多年的水文资料，采用水文法和水保法对全县四大流域（泾河、汭河、洪河、黑河）的水沙变化进行时段对比，反映出泾川县随着治理程度的提高，全县减水减沙效益显著提高。该课题获1997年度平凉地区科技进步三等奖。

三、梯田建设及开发技术研究

1."夏季梯田建设推广及效益"项目

探索总结了适应农村包产责任制的夏季梯田建设，研究了夏季梯田建设增产的机制，推广夏季梯田建设及其一整套增产措施，保证新修梯田比坡地亩增产20%~30%以上，为发展旱作农业提供了决策依据，为黄土高原梯田建设及增产效益探索了新的途径，加速了平凉地区梯田建设的进程。该课题获1989年度平凉地区科技进步二等奖。

2."陇东万亩水平梯田旱作丰产试验示范"项目

从山区新修水平梯田建设的主要特点出发，综合采用了先进适用农业的丰产技术，改秋修为夏修，及时深耕，按梯田挖方部位分区增施磷肥、配方施肥，种植适宜作物以及选用良种、地膜覆盖等一系列行之有效的增产措施，使粮食产量由试验示范前的142千克/亩提高到1988—1990年三年平均275千克/亩，措施先进，效益显著。该课题获1991年度甘肃省水利科技进步二等奖和1992年度水利部科技进步四等奖。

（

3."水平梯田试验研究"项目

依据系统科学原理，经定位试验、数字模拟、计算机仿真，首次提出梯田建设规模化、工程配套化、设计优化、施工规范化技术。较好地处理了建立多目标函数的难点，提出了不同类型梯田、不同生态、立地优化设计方法。对坡改梯光、热、水、肥诸生态因子不同立地进行了系统地观测对比分析，揭示了二者土壤农化、生物酶活性、物理性状变化特征，以及土壤水分变化，水肥互作效应的变化特点，首次提出生土熟化判据指标，同时提出了新修梯田全面深翻、分区分级配合施肥、选用先锋作物等配套技术。该课题获1995年度甘肃省水利科技进步特等奖、1996年度甘肃省科技进步二等奖。

4."庄浪县梯田化建设及开发研究"项目

采用定位试验和调查研究相结合、试验示范和推广相结合的方法，运用系统工程学、生态经济学、统计学和灰色系统理论、信息管理理论和计算机技术，科学地分析庄浪县自然条件、生态环境、农业资源和社会背景。在吸收水平梯田试验研究成果和实践经验的基础上，研究并推广梯田化建设优化技术，使庄浪县实现了全国第一个梯田化县，并用分层抽样法验证了庄浪县在全国率先实现梯田化的真实性。应用自然科学和社会科学相结合的方法，开发了梯田化建设支持系统，并研究其运行机制，为梯田化县的实现提供组织保证。建立了县级梯

田信息管理系统，对县域梯田进行信息化、科学化管理，具有可操作性和先导性。该课题获 1999 年度甘肃省水利科技进步特等奖、1999 年度甘肃省科技进步二等奖。

5．"庄浪县梯田信息管理系统及其应用研究"项目

首次全面地采集与梯田建设开发有关的 16 种信息，建立梯田质量、品质评价体系，首次把信息管理科学理论应用于梯田研究，首次在县域建立梯田信息管理系统，为县域梯田的现代化管理、生产经营及开发创造了条件。该课题获 1999 年度平凉地区科技进步一等奖。

6．"庄浪县梯田资源清查研究"项目

科学分析研究了庄浪县梯田资源的特点，将统计学原理中的总体平均数分层随机抽样调查技术和土地的利用现状调查技术科学地结合起来，合理解决了样本单元数的计算分配、样点的确定和样点边界的

划分等实际操作中的技术问题，并用计算机技术对调绘清查所得数据进行了计算分析，提高了计算结果的准确性和可靠性。对庄浪县梯田地埂系数和梯田道路网络系统进行了研究。该课题获 1999 年度平凉地区科技进步二等奖。

四、水土保持灌木研究

1．"崆峒山灌木研究"项目

共载入该地区灌木、类灌木和木质藤本 142 种，包括 10 个变种和 2 个待定种。主要对 53 种主要灌木就树种的形态、生物学及生态学特征、水保效益、开发利用价值、方向与途径、育苗技术等方面进行了深入的调查研究，对各灌木种进行了考证及鉴定工作，同时还编撰了崆峒山灌木检

索表，积累了丰富而又宝贵的崆峒山灌木资源，对全国、全省的植被区研究和干旱、半干旱地区水土流失的治理具有重要作用。该课题获1992年度平凉地区科技进步三等奖。

2. "黄土高原水土保持灌木研究"项目

由黄河水利委员会水保局和北京林业大学水保系共同主持、黄河中游地区18个研究所（站）83名科技人员参加的大型协作攻关项目，属黄河流域重点水保基金项目。该项目主要研究内容是黄土高原地区灌木树种资源的调查研究、灌木水土保持生态效益和经济效益的研究、53种主要水土保持灌木树种的分种研究等三个方面。在灌木资源调查研究方面由14个站（所）完成，采用样线技术及灌木样方调查方法。调查面积31.5平方千米，共调查灌丛样方734个，共查得灌木树种646种（68科177属），灌木群落142种，采集标本2 239份，基本查清了黄土高原地区的灌木树种资源。该课题获1993年度林业部科技进步二等奖。

3. "陇东黄土高原区灌木种质资源及主要水土保持灌木研究"项目

通过16年的调查和分析研究，首次在陇东黄土高原区进行全面的灌木种质资源调查分析，提出了具有国内先进水平的陇东黄土高原区灌木种质资源及其名录，为区域生态环境建设和水土保持林草措施配

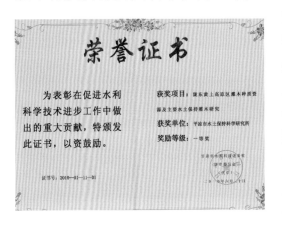

置提供了科学依据和优良树种。根据陇东黄土高原区的地域特性分析研究项目区主要水土保持灌木树种、栽培管理技术及其水土保持作用和效益。该项目具有较强的推广价值，有利于促进陇东黄土高原地区水土保持生态环境建设。该课题获2010年度甘肃省水利科技进步一等奖。

五、纸坊沟流域坝系建设水土流失规律及治理效益研究

1.“水坠法筑坝试验”项目

先后在平凉、崇信部分小流域开展9座水坠法筑坝试验获得成功。每方土投资较碾压坝少0.96~1.04元，并取得规划设计、施工技术、质量控制、脱水固结、围埝稳定、防治滑坡、经济技术指标等一系列技术参数和实践经验。试验表明，在有条件地区以水土保持治沟为目的的修筑坝高20米以下的淤地坝可大力推广。该课题获1985年度平凉地区科技进步二等奖。

2.“纸坊沟流域坝系建设及效益研究”项目

在试验研究中采用高坝低建、分期加高和高含黏量土料筑坝技术，在管理运用中提出了工程运用的“三时期”运用方案。通过定位试验，不断观测分析总结了小流域产流产沙与坝系建设的应用关系。研究总结了坝系建设规划、设计施工、运用、经营、开发方面有别于水库的应用技术，研究了坝系建设可能达到的综合效益以及它在水保综合防护体系中的地位和作用。研究中采用的技术路线是根据既有水利水保理论、实用技术及纸坊沟流域自然、社会特征，对纸坊沟沟道内已形成坝系进行规划、试验及效益观察，在深入调查研究的基础上，进行了综合分析与总结，该课题在同类项目研究中达到国内先进水平，在坝系适用性及经济效益研究方面处领先水平。该课题获1990年度甘肃省水利科技进步二等奖。

3.“纸坊沟径流泥沙资料整编”项目

从研究小流域水土流失规律，寻求小流域治理途径出发，全面系统地搜集了纸坊沟流域的暴雨、径流泥沙、气象资料，并搜集了大量的自然地理、植被、土地利用、社会经济方面的资料，所汇集的资料都经过系统分析、鉴定、审核。大部分径流泥沙资料采用电算整编，共统计汇总了147个站年资料，本次整编123个站年资料，系列长、面广，对研究水土流失规律、水土保持效益具有重要价值，为开展小流域水土保持工作、规划治理以及

农业、水利、交通等方面提供了重要的科学数据。该课题获 1985 年度平凉地区科技进步一等奖。

4.“陇东治沟骨干工程总体布局及坝系优化规划研究”项目

应用系统工程的原理和方法，对小流域坝系从拦泥和滞洪坝高的双优

化、最佳建筑顺序及间隔时间计算、拦泥库容的动态经济分析及最佳值计算等方面进行了研究，最后又根据小流域坝系优化规划成果，结合陇东骨干坝建设实践经验，进行了陇东治沟骨干工程总体布局的研究，成果处于国内领先水平。该课题获 1994 年度甘肃省水利科技进步二等奖。

5.“平凉市纸坊沟流域水土资源耦合效应与可持续发展研究”项目

应用系统工程理论、耦合效应及水土保持学原理和方法，用长序列实测资料对流域水土资源耦合效应进行了分析研究。纸坊沟流域经过 50 年的水土流失综合治理和水土资源有效调控，土壤侵蚀模数由 9 266 吨/（千米²·年）下降到 5 140 吨/（千米²·年），水土资源条件得到有效改善，流域水土资源综合开发效率得到显著提高，促进了流域生产发展、经济提升和生态改善。项目总结提出了集植物调控系统、坡面工

程调控系统、沟道工程调控系统为一体的小流域水土资源管理体系，并提出了水土资源的耦合模式和可持续管理对策，为黄土高原区小流域水土流失综合治理、水土资源向耦合正效应方向发展及其高效开发利用提供了科学依据。该课题获 2005 年度甘肃省水利科技进步二等奖。

坝地经济林

坝地葡萄园

坝地玉米种植

课题组测土壤水分

6. "小流域土－草－畜复合系统综合开发研究"项目

针对当前小流域水土保持综合治理开发的效益问题,从流域内土－草－畜复合系统的角度,研究提高小流域综合治理开发效益的途径和方法,在认真分析评价纸坊沟流域自然、社会、经济特征的基础上,将流域内的土壤子系统、初级生产子系统和家畜子系统有机组合在一起,形成复合系统,加快了物能转化,提高了转换效率,技术经济效益明显,所采用的技术措施科学合理,实用性强,在同类型区具有较高的推广应用价值,为提高小流域水土保持综合治理开发效益探索了一条新路子。该课题获1999年度甘肃省水利科技进步二等奖。

7. "平凉市纸坊沟流域水沙特性及水土流失特点研究"项目

应用国内小流域水土流失研究领域少有的纸坊沟流域1955—2004年50年的降水、径流、洪水、泥沙长系列观测资料,定量分析研究了流域自然环境及社会经济状况,建立了流域降水、径流、洪水、泥沙观测资料数据库,运用流域气象水文资料分项目、分阶段、分区域全面准确地统计分析出流域降水、蒸发、径流、洪水、泥沙基本特征值及其特性,定量分析研究出纸坊沟流域降水年、月际变化规律，水土流失特点和影响因子及其变化对水土流失的影响程度，研究提出了简单实用可行的年径流模数与年降水量、土壤侵蚀模数与年汛期降雨量、土壤侵蚀模数与年径流模数、土壤侵蚀模数与年治理度四个单因子数学模型，集中反映出黄土高原沟壑区小流域径流、泥沙和土壤侵蚀基本变化规律以及主要影响因子变化对土壤侵蚀流失的影响程度，为同类地区小流域水土流失量的估算推求和治理规划设计提供了简便可行的经验公式。该课题获 2008 年度甘肃省水利科技进步二等奖、2009 年度水利部大禹科技奖三等奖。

8.“淤地坝高效开发利用技术研究与示范”项目

应用系统工程学原理，采用四元二次回归正交设计建立退耕区坝地地膜玉米丰产栽培回归数学模型和三因素二次通用旋转设计建立坝地小麦配方施肥回归数学模型，在分析辨识坝地土地资源与特殊环境的基础上，提出一整套适于退耕还林还草区坝地防洪保收、果树栽培、果园土肥水管理、果树整形修剪、设施蔬菜栽培、林木育苗等新型土地资源的实用技术和坝地高效开发管理技术体系。结合退耕区坝地水沙资源利用实际，总结出沟坝地自然引洪灌溉、坝地自流引水灌溉和前期坝地蓄水养殖三个坝地保护与水沙资源利用技术。该课题获 2009 年度甘肃省水利科技进步一等奖。

9.“纸坊沟流域径流泥沙观测资料成果整编及水土资源高效开发利用模式研究”项目

对纸坊沟流域 8 个测站 1983—2004 年的气象、径流、泥沙观测原始资料进行整理复核，建立与流域水土资源密切相关的气象、水文、自然环境、社会经济数据库和图库，整编观测资料成果。而后在整编成果的基础上，进行流域水沙特性分析研究，探索流域径流泥沙的固有特征和影响因子。然后应用现场勘测、调查、量测资料和水沙特性分析结果，进行流域自然环境和社会经济状况分析研究，论证水土保持和水土资源高效开发利用对自然环境改善和社会经济发展的作用及影响程度。最后对流域水土流失治理和综合利用措施及成效进行分析研究，总结提炼黄土高原沟壑区小流域综合治理的有效途径和水土资源高效开发利用模式，为黄土高原沟壑区水土流失治理提供科学方法和最优模式。该课题获 2008 年度平凉市科技进步三等奖。

六、开发建设项目水土保持措施研究

1. "平凉地区煤矿、火电和城建区水土流失成因及防治措施研究"项目

探究了煤炭开采区、火电开发建设区、城市建设开发区水土流失和生态环境破坏的成因、特征以及造成的危害影响。确立了煤炭开采区、火电开发建设区、城市建设开发区水土流失和废弃固体堆积物表面侵蚀的测试和预测方法。研究提出了开发建设区水土流失防治和生态环境建设的有效途径和高效技术。该研究着眼于前沿科学和社会经济发展中的突出问题，涵盖了开发建设中的三大主要体系，采用了实地调查分析和定位测试分析研究相结合，采取普遍分析研究、抽象汇总提炼，既有广泛性，又有针对性。该课题获 2006 年度甘肃省水利科技进步二等奖。

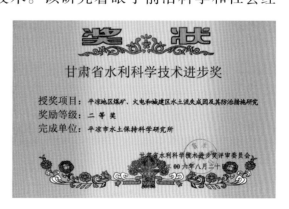

2."华亭县煤炭开采造成的侵蚀及其防治研究"项目

针对华亭县煤炭开采造成区域内大量地表变形,产生大量的固体废物,从而引起激烈侵蚀,严重影响农业环境和生态环境等问题,从区域内不同侵蚀类型、成因、特点及对生态、农业环境的影响等问题入手。通过对煤矿废弃堆积物坡面定位观测、风化矿渣地油松栽植、煤矿区不同类型水土流失防治以及华亭矿区水土保持预防监督体系建设等几方面的试验研究,

首次对煤矿废弃堆积物坡面侵蚀进行定位观测,首次同步建立健全水土保持预防监督体系,达到治理与预防监督紧密结合的目的,对今后煤炭开采区人为水土流失和土地资源破坏的预防监督与紧密结合提供了有效途径。该课题获 2006 年度甘肃省水利科技进步三等奖。

3."平凉市城市建设中的水土流失防治与环境治理研究"项目

通过对平凉市纸坊沟流域内降雨、土壤、水土流失观测站点的泥沙资料及平凉市崆峒区、华亭县的水土流失斑块调查资料进行汇总,通过反复检验建立了简化城市水土流失的预测模型。根据平凉市建设特点,对城区不同水土流失类型分区主要排污口进行实测,计算出平凉市建设中的水土资源流失量和各地类的径流系数。通过对城市水土流失机制的研究、城市

内各类开发建设项目造成的水土流失防治途径和技术措施等的研究,建立起一个新的、相对稳定不变或逐渐增加的城市动态水土资源供给与需求平衡系统,为城市建设的稳步、持续发展提供了有力保障和技术支撑。该课题获 2010 年度甘肃省水利科技进步二等奖。

4."建设型水土保持和生态保护与区域经济可持续发展研究"项目

采用数学模型法、工程类比法和景观分析法,建立平凉市域水土流失

和水土保持监察监测体系，加强开发建设项目水土生态保持科学研究，着重对煤化工、煤炭开采矿井改扩建、水库建设采石场和城市房地产开发建设引起的水土流失和水土保持评价指标体系及水土保持工程措施、植物措施的建设起指导作用。在数据处理上采用定位观测试验与调查研究相结合，实测数据与理论模型分析相结合，专题研究与综合研究相结合，经济效益、社会效益和生态效益同步分析研究。该课题获 2012 年度甘肃省水利科技进步二等奖。

七、水土保持综合治理与经济开发技术研究

1."小流域水土资源开发与商品经济发展研究"项目

紧密结合榆林沟流域农业资源利用特点，以水土资源开发利用为突破口，形成了以梯田、集雨窖灌溉等工程措施与林草生态植被建设相配套的水土资源综合利用体系，使降水资源利用率提高了 13.7% ~ 25.0%，土地利用率达到 96.7%，为干旱山区光热资源、生物资源的有效利用创造了条

件，建立健全了生产经营、加工销售、商品化信息服务三个系统，正确引导了亚麻、洋芋、草品、生猪养殖商品基地建设和农产品商品化发展，农牧业产品的商品率由 33.2% 提高到 52.6%，为试验区群众脱贫致富奔小康打下了良好的基础。该课题获 2000 年度甘肃省水利科技进步三等奖。

2."水土保持综合治理开发在农村小康工程建设中的作用及地位研究"项目

应用生产函数模型、巴雷特 ABC 分析法和灰色系统预测方法，对泾川水土保持综合治理开发在农村小康工程的作用和地位进行了数量化分析研究，建立了评价水土保持综合治理科技含量水平的具体模型，提出了县域农业生

态经济系统的具体调控措施，建立了黄土高原沟壑区总体生态防护体系和种养加工一体化，庭院经济长足发展的外向型经济体系，做出了水土保持综合治理科学技术对小康工程建设的贡献分析和全面实现小康工程的灰色动态预测。该课题获 1995 年度平凉地区科技进步二等奖。

3. "山区庭院农业经济试验研究"项目

在经济比较困难的山区布设试验，发展山区农业经济，群众脱贫致富开发，采取的以户为单元的庭院生产，依据经营山区特点搞土 – 粮 – 林 – 草 – 畜禽的良性循环，按种、养、加、销多种形式，进行生产经营，探索出山区庭院经济的范畴、规模、模式，使示范村的人均收入从 200 元提高到 416.61 元，其中庭院经济收入占人均总收入的 39%，贫困户由总农户的 60% 下降到 5%。该课题作为小流域综合防护体系中的一个重要组成部分，是拦蓄利用庭院径流、提高综合效益的重要措施。该课题获 1991 年度甘肃省水利科技进步三等奖。

八、生态环境建设研究

1. "平凉市水土保持生态修复分区评价指标体系研究"项目

以生态环境恢复与重建的科学理论为基础，以《全国水土保持生态修复规划（2003—2015 年）》和全国水土保持生态修复一、二级分区所确定的生态修复方向为指导，在分析总结相关研究成果，调查分析平凉市自然、经济和社会发展情况以及生态环境建设成果的基础上，采用理论分析、调查研究与示范实施对照的方法、生态恢复学理论、生态经济学原理、工程经济方法和聚类分析方法，研究水土保持生态修复主要影响因子和适宜措施，在完成分区研究后，在不同的分区内选定典型流域进行水土保持生态修复措施配置，研究不同水土保持生态修复分区的措施配置模式、投资规模和生态（植被）恢复的年限。

该项目研究成果可用于相对较大范围的生态环境恢复和重建项目（工程）的规划和生产实践，对相对较小范围的生态环境恢复和重建项目（工程）更加具有针

对性和指导性的作用，只要能够收集到当地可靠的自然和社会经济数据资料，切实结合当地的社会经济发展方向，都能够得到很好的应用，并为社会经济发展提供有力的技术支撑。该课题获 2015 年度平凉市科技进步一等奖。

2. "甘肃东部城市水土保持生态环境建设防范措施研究"项目

针对甘肃省东部城市（庆阳市、平凉市、天水市）建设中的水土流失这一严重的生态环境问题，探索城市水土流失的发生发展规律，采用数学模型法、定位观测、调查研究相结合的方法，从城市水土流失的特征、成因、危害及城市开发建设项目造成的水土流失入手，分析研究城市水土流失防治途径和技术措施，建立健全城市水土流失预防监督执法体系、监测监察技术体系，并提出城市水土保持生态环境建设必须依据科学规划、综合治理、协调发展、依法依规，以水土等资源承载力为前提，妥善处置城市垃圾，科学合理地开发，兼顾生态自我修复与工程、生物、农业技术相结合的综合治理措施。通过研究，初步形成了较为完善的城市水土保持生态环境建设防范技术措施。该课题获 2017 年度甘肃省水利科技进步二等奖。

3. "平凉生态市建设评价研究"项目

以平凉市（地级行政区域）为研究对象，以可持续发展思想为主导，根据国家环保总局提出的生态市建设指标以及平凉国家级生态市建设的目标及任务，选取与可持续发展水平定量测度有关的多种方法进行评价研究。采用单因子评价法、灰色预测模型对平凉生态市建设状况进行分析和预测，采用主观的层次分析法和客观的均方差法分别对平凉生态市建设进行综合评价与比较，并采用生态足迹法对生态平凉可持续发展能力进行定量评价，采用数据包络分析法对生态平凉可

持续发展效率进行定量评价，同时运用综合指数法和聚类分析法对甘肃省14个市（州）进行比较研究。通过多种方法、多个角度的分析研究，全面评价了平凉生态市建设的现状水平和发展趋势，明晰生态市建设中存在的问题，深入分析其发展的主要制约因素，并提出了对策及建议，促进指标任务的分解和落实，加强部门间的联动和共赢，提高领导干部的生态意识，以期为平凉生态市建设和协调可持续发展提供理论依据和技术支撑。该课题获2017年度甘肃省水利科技进步二等奖。

九、其他

1."海子沟水坠坝试验"项目

为了利用含黏量高的土料，以水坠的方法修筑坝高20米以下黄土均质坝，为农业生产服务。课题组自1976年开始勘测、设计、施工，并进行了土料的颗粒分析，泥浆浓度测定，冲填体、围堰干容重的测定，气象观测，坝体排水设施观测、位移观测等方面的工作，分析了施工期间发生的滑坡事件及滑塌沉陷的原因，提出了高含黏量水坠坝在坝址选择中需要注意的问题和建议。该课题获1985年度平凉地区科技进步二等奖。

2."平凉地区引洪漫地试验"项目

为探索引洪漫地对控制水土流失，减少入黄泥沙，变水害为水利，发展农业生产的作用，课题组从1977年起在汭河流域境内的泾川县汭丰公社进行了引洪漫地试验，试验在规划、设计、水沙资源分析、渠首渠系工程布设、引洪渠道断面设计等方面都比较合理，同时进行了清、洪水水质分析对照、洪水肥分测定、土壤改良效益等方面的试验，通过试验，在拦泥和增产方面也取得了显著效益，3年来累计引洪漫地6 853亩，减少入黄泥沙129.3万吨，每亩平均拦泥101.3立方米，粮食增产幅度5%~200%。引洪漫地试验是减少入黄泥沙、提高农业产量的有效措施，为开发利用水土资源，解决平凉地区水资源不足开辟了一个新途径。该课题获1985年度平凉地区科技进步二等奖。

3."水土保持生产实用技术开发试验示范及推广"项目

以县为单位，开展梯田建设、埝坎增产开发利用、山地果园丰产栽培、庭院经济、废弃地复垦开发、速生泡桐及刺槐人工造林等7项水土保持实用技术的试验示范及推广，为以县域为单位大范围的经济可持续发展提供了科学经验。该课题获1997年度平凉地区农技推广二等奖。

4."应用水土保持科学技术成果快速建设小康村试验研究"项目

探索了水土保持科研成果在农村小康工程的渗透并实现小康目标的途径。把科研、试验、示范、科技推广和生产实践有机结合起来,缩短了科研到推广的进程,加速了水保成果的转化。首次将灰色系统理论和局势决策理论运用于小康工程研究当中。系统地诊断小康社会经济系统中各要素以及要素之间的协作运行关系。从治理水土流失出发,建立了小康工程的生态保障体系和经济开发体系。用巴雷特 ABC 经济分析法探讨了水保科技水平在小康工程中的地位,使水土保持综合治理与开发措施在小康工程建设中的基础地位得到证实,并保障小康目标的实现和可持续发展。该课题获 1998 年度甘肃省水利科技进步二等奖。

5."黄土高原沟道防治开发有机生物工程技术研究与推广"项目

应用生物学、生态学和工程学原理,提出主要由柳谷坊坝群和人工植物群落等生物措施组成的水土保持沟道有机生物工程的结构,并研究了该结构在黄土高原湿润及半湿润区沟道防治中的重要作用,从机制上弄清了水土保持有机生物工程的拦蓄、防蚀作用。应用系统规划方法、水文学和水力学方法与原理、现代经济管理方法等,研究提出了水土保持沟道有机生物工程建设的系列技术,包括规划设计技术、施工建设技术与工程运行管理技术等。

在总结过去沟道治理经验的基础上,首次提出水土保持有机生物工程技术这一概念,并成功地应用于坡面治理较好而沟道侵蚀仍然较严重的小流域沟道治理,使黄土高原湿润及半湿润区小流域治理技术更趋完善。该课题获 2000 年度甘肃省水利科技进步三等奖。

6. "城郊水土资源开发与可持续利用研究"项目

运用水资源经济学、土地经济学、景观生态学原理和可持续发展观点等多学科交叉理论，研究了城郊水资源高效利用及可持续发展对策，对城郊土地资源的结构特点变化和功能转变、高效利用模式、土地资源系统补偿平衡、产业结构调整等诸多问题进行了深入系统的研究和探索。建立的三种水资源可持续利用模式有效解决了平凉城郊水资源短缺的突出问题，并提出了水资源战略性调整和可持续利用方向；建立的三种土

地资源可持续利用模式，成为近郊土地资源实现高效开发与可持续利用的典型；建立的城郊综合防治概念模型，揭示了城郊水土流失产生的动力作用机制和响应过程，奠定了城郊型水土保持综合防治体系的理论基础。该课题获 2004 年度甘肃省水利科技进步二等奖。

7. "平凉市农村饮水工程自动化控制研究试验与示范推广"项目

采用了集成电路芯片水位监测器、水位监测器环氧树脂密封盒、电脑监测器等新器材新工艺新技术；在操作技术上，研制配备的饮水工程自动化控制系统，无论有线无线，只要有电就能运转，而且配有手动和自动双向控制回路以及防电蔽电绝缘接地设施；经济性上，使各类自控系统的配备投资费用控制在最低范围内，既经济又实用，利于大面积推广。该课题获 2004 年度平凉市科技进步一等奖。

8. "平凉市退耕还草产业化技术开发与示范"项目

应用系统工程学的原理和方法，对平凉市的退耕还草与草地资源、粮食生产及其安全、草畜平衡、退耕还草当家草种的选择、生产及其草产品加工、退耕还草产业化技术开发的机制及其技术经济效果进行了研究，提出了平凉市退耕还草产业化的基本思路、组织模式和技术体系，制定了退耕还草产业化技术经济效果评价的指标体系和方法，并进行了紫花苜蓿生产、加工技术和紫花苜蓿草粉配合饲料的试验、示范及应用推广工作。项目执行期间，累计试验示范和推广种植紫花苜蓿分别达到 860 公顷、8 700 公顷，干草平均产量提高 2 400 千克 / 公顷，增幅 27.1%，试验、示

范推广黄牛、猪、鸡饲料配方19个，加工利用配合饲料65吨，获得直接经济效益1 663万元，示范推广区人均获利146.8元。该项研究成果对于平凉市退耕还草产业化建设和建立甘肃平凉巨型畜牧业基地的战略决策具有现实指导意义，对国内其他地区退耕还草产业化

和畜牧产业化开发具有广泛的借鉴意义，应用前景广阔。该课题获2005年度平凉市科技进步一等奖。

9．"华亭县水资源开发利用智能化调控技术及其系统开发研究"项目

研发的智能化调控系统是以整县水资源开发利用项目控制为目标，以大规模引供水项目全面控制为重点的综合系统，其远程监控终端系统适用于所有水源引取工程，中心调控系统既适用于县内控制系统，也可向上建

立市、省或流域调控网站管理水资源。所以，本项目研制的县域水资源开发利用项目智能化调控系统既适用于水资源紧缺的县域，还可扩展至市、省级水资源统一管护网站建设，推广应用范围广阔。该课题获2007年度平凉市科技进步二等奖。

10．"平凉市红富士苹果标准化生产关键技术研究示范"项目

运用植物生理学原理和果树栽培学原理，针对平凉市红富士苹果在生产技术的标准化程度以及流通环节的规范化管理等方面与发达国家和地区相比存在的不足和差距，有针对性地选取平凉金果主产区的静宁县南部黄土高原优势产区以及取得GAP管理认证的高标准示范园作为红富士苹果标准化生产技术试验示范基地，旨在通过综合试验示范研究，从中提取整合优质红富士苹果标准化生产的关键技术措施和工艺，为同类型栽植条件和气候条件下提升生产技术的精细化程度、提高稳产性和高产率，大幅度改善品质、提高商品率和优果率，全面提升果品的市场竞争力以及大范

围推广应用绿色无公害标准化生产技术和管理模式提供参考依据与技术指导，从而发挥果产业在农业产业结构调整和农村经济中的主导性作用。该课题获 2012 年度甘肃省水利科技进步二等奖。

11.“多指标模糊模式识别多目标规划理论方法在农村规划中的应用研究”项目

参考国家统计局与中央政策研究室农村局公布的农村全面小康社会的标准值和权数技术，紧密联系平凉市区域经济社会实际，紧密结合华亭县峡滩村经济社会发展现状特点，建立了符合平凉市条件和特征的农村全面小康社会多指标体系，从根本上解决了农村小康规划的指标可靠性和系统性等关键技术问题；提出符合平凉市村级规划的基本规划流程

和规划步骤，最大程度提高了规划的时效性，避免了规划的遗漏，大大提高了规划决策的完整性和效率；建立了符合峡滩村经济社会综合发展水平的多层模糊评价模型结构，为客观评价同类地区的村情实际提供参考依据。该课题获 2013 年度平凉市科技进步二等奖。

12.“西北典型区域基于水分管理的森林植被承载力研究”项目

提出了区域植被承载力的分层指标体系及对应确定途径、多功能水源涵养林理想结构和经营技术，以及华北落叶松林多功能经营的合理密度；依据植被承载力的低密度造林比传统高密度造林可节约造林投入 34% ~ 50%，维持合理密度比现过密林分可提高产流 25%；登记了“区域水资源承载力计算系统”“复杂地形下植被生产力模拟系统”两个计算机软件著作权，制定了宁夏地方标准《土石山区水源涵养林多功能经营管理技术规程》。该课题 2014 年通过国家林业局科技司组织的验收。

13.“黄土丘陵沟壑区规模化梯田果园农林复合生态经济效应研究”项目

应用系统分析法，对苹果幼树期园区空地不同作物套种方式土壤水分利用效率、不同坡位山地梯田果园土壤水分变化特征、不同龄级果树农林复合经营生产力进行了对比分析，提出了幼树期果园空地利用主栽作物品

种和园区土壤水分管理技术；应用项目决策分析与评价方法，对园区农户沼气池建设投资及效益进行财务分析，对幼树期果园空地利用效益、沼气池建设及其在果树生态栽培中的纽带作用等方面进行了分析，为梯田果园生态栽培技术体系实施效益评价提供了技术支持；将果树生态循环栽培理论应用于梯田果园幼树期园区空地高效利用、盛果期果树生态栽培管理中，提出了"果树栽植—空地蔬菜作物（幼树期）—空地牧草套种（盛果初期）—以草养畜—排泄废物回收（牲畜排泄物、秸秆、果树整形修剪枝叶及枯落物）形成沼气—沼渣沼液回收做肥料—支持果树生长"的山地梯田果园生态栽

培结构模式。课题研究期间，示范、推广幼树期果园套种黄豆、马铃薯、胡萝卜等低秆农作物193公顷，建立生态循环栽培果园示范基地30公顷，辐射带动推广面积210公顷，4年累计产值1 495.5万元。该课题获2016年度甘肃省水利科技进步二等奖。

表7-4-1　平凉市水土保持科学研究所完成科研课题统计表

序号	成果项目名称	起止年份	完成单位	主要参加人员	获奖类别和等级	获奖年份
1	沙打旺引种、繁育、推广试验	1974—1984	平凉地区水土保持试验站	孙尚海　孙吉定　朱立泽	甘肃省科技进步三等奖、平凉地区科技进步一等奖	1985年
2	纸坊沟径流泥沙资料整编	1982—1984	平凉地区水土保持试验站	吴位敏　杨永立　巩鸿有　任烨　陈胜昔	平凉地区科技进步一等奖	1985年
3	水坠法筑坝试验	1980—1984	平凉地区水土保持试验站	范钦武　李禄	平凉地区科技进步二等奖	1985年
4	平凉地区引洪漫地试验	1980—1984	平凉地区水土保持试验站	范钦武　巩鸿有	平凉地区科技进步二等奖	1985年
5	古岔小流域土地资源合理利用的研究	1981—1987	平凉地区水土保持试验站、静宁县水保局	刘东升　蒋心肇　张淑芝　车守祯　陈贵均	平凉地区科技进步三等奖	1987年
6	茜家沟流域综合治理试验示范	1985—1987	泾川茜家沟流域治理指挥部、平凉地区水土保持科学研究所	胡继东　蒋心肇　孙尚海　范钦武　吴位敏　石俊明	甘肃省科技进步一等奖、国家科技进步三等奖	1988年1989年

续表 7-4-1

序号	成果项目名称	起止年份	完成单位	主要参加人员	获奖类别和等级	获奖年份
7	黄河中游地区机械修筑梯田试验	1976—1988	平凉地区水土保持科学研究所	孙尚海 李禄 任烨	黄河水利委员会重大科技成果二等奖、水利部科技进步四等奖	1988年 1989年
8	夏季梯田建设推广及效益	1984—1988	平凉地区水利处、平凉地区水土保持科学研究所、平凉地区水土保持工作总站	吴位敏 王立军 王启睿 石俊明 李正德 车守祯 张峰 李鸣坷 李林祥	平凉地区科技进步二等奖	1989年
9	纸坊沟流域坝系建设及效益研究	1985—1989	平凉地区水土保持科学研究所、平凉地区水土保持工作总站	雷玉堂 杨永立 梁文辉 蒋心肇 范钦武 巩鸿有 李禄 王伟 白小丽	甘肃省水利科技进步二等奖	1990年
10	山区庭院农业经济试验研究	1987—1990	平凉地区水土保持科学研究所	陈贵均 叶飞 朱立泽 姚西文	甘肃省水利科技进步三等奖	1991年
11	崆峒山灌木研究	1980—1991	平凉地区水土保持科学研究所、平凉地区师范	高维衡 卜义宁	平凉地区科技进步三等奖	1992年
12	黄土高原水土保持灌木研究	1988—1992	黄河水利委员会、北京林业大学、平凉地区水土保持科学研究所	赵金荣 朱金兆 孙尚海 张淑芝 卜义宁	林业部科技进步二等奖	1993年
13	陇东万亩水平梯田旱作丰产试验示范	1987—1990	平凉地区水土保持科学研究所	赵彦春 姚西文 李志恒 王立军 马长福 朱登辉	水利部科技进步四等奖、甘肃省水利科技进步二等奖	1992年 1991年
14	陇东黄土高原沟壑区山楂水保经济林丰产栽培技术研究与推广	1988—1992	平凉地区水土保持科学研究所	张淑芝 陈泾瑞 孙尚海 卜义宁 刘克道	甘肃省科技进步三等奖、甘肃省水利科技进步二等奖	1993年
15	陇东治沟骨干工程总体布局及坝系优化规划研究	1988—1992	平凉地区水土保持科学研究所、西北林学院水保系	范钦武 武永昌 梁文辉 崔云鹏 秦鸿儒 白小丽 秦向阳 杨永立 王鸣远	甘肃省水利科技进步二等奖	1994年
16	小流域水土保持综合治理模式研究	1988—1992	甘肃省水保局、甘肃省水保科研所、黄河水利委员会西峰水保站、黄河水利委员会天水水保站、平凉市水土保持科学研究所	黄邦建 李建牢 王立军 赵安成 赵华 黄世辉 蒲玉宏 刘世德 赵永宏	甘肃省科技进步三等奖、甘肃省水利科技进步二等奖	1994年 1993年

续表 7-4-1

序号	成果项目名称	起止年份	完成单位	主要参加人员	获奖类别和等级	获奖年份
17	水平梯田试验研究	1991—1996	甘肃省水保局、甘肃省水保所、平凉地区水土保持科学研究所	郑保宿　刘海峰　牟朝相　王立军　陈　瑾　王膺期　黄邦建　周　波　乔生彩	甘肃省科技进步二等奖、甘肃省水利科技进步特等奖	1996年1995年
18	堡子沟流域综合治理模式的水沙调控及提高环境容量的研究	1988—1992	庄浪县堡子沟流域综合治理指挥部、平凉地区水土保持科学研究所、平凉地区水土保持工作总站	杜东海　梁振科　周斌武　车守祯　吴位敏　雷升文　王　伟　段义字	甘肃省科技进步三等奖、甘肃省水利科技进步一等奖	1996年1995年
19	华亭县煤炭开采造成的侵蚀及其防治研究	1991—1994	平凉地区水土保持科学研究所、华亭县水保站	刘东升　蒲玉宏　张　丰　赵富德　胡治平	甘肃省水利科技进步三等奖	1995年
20	三星流域生态经济系统结构优化设计方案及实施研究	1988—1993	平凉地区水土保持科学研究所	朱立泽　朱继国　姚西文　丁海霞　史海荣　竹志明　王明义	平凉地区科技进步二等奖	1995年
21	应用耗散结构理论配置水保林体系及效益研究	1988—1994	平凉地区水土保持科学研究所	张淑芝　孙尚海　任　烨　陈泾瑞　卞义宁　段义字	甘肃省科技进步三等奖、甘肃省水利科技进步一等奖	1996年1995年
22	水土保持综合治理开发在农村小康工程建设中的作用及地位研究	1988—1992	平凉地区水土保持科学研究所	陈泾瑞　任　烨　朱立泽　间万里　屈风莲	平凉地区科技进步二等奖	1995年
23	水土保持综合治理减水减沙效益研究	1988—1996	平凉地区水土保持科学研究所	张淑芝　任　烨　张　丰　卞义宁　王　伟	平凉地区科技进步三等奖	1997年
24	水土保持生产实用技术开发试验示范及推广	1992—1996	平凉地区水土保持科学研究所、平凉地区水土保持工作总站	王立军　吴　菲　王怀学　间万里　卞义宁　郭立卫　张晓宇　何有华　刘存国	平凉地区农技推广二等奖	1997年
25	应用水土保持科学技术成果快速建设小康村试验研究	1994—1997	平凉地区水土保持科学研究所	陈泾瑞　王　辅　屈风莲　丁海霞　何　倩　张维乾	甘肃省水利科技进步一等奖	1998年
26	庄浪县梯田化建设及开发研究	1994—1996	平凉地区水土保持科学研究所、庄浪县水保局、平凉地区水土保持工作总站	孙尚海　蒲玉宏　吴位敏　张嘉科　巩鸿有　姚西文　段义字　陈泾瑞　任　烨	甘肃省科技进步二等奖、甘肃省水利科技进步特等奖	1999年

续表 7-4-1

序号	成果项目名称	起止年份	完成单位	主要参加人员	获奖类别和等级	获奖年份
27	庄浪县梯田信息管理系统及其应用研究	1993—1997	平凉地区水土保持科学研究所	蒲玉宏　王　威　姚西文　段义字　屈风莲　王　辅　何　倩	平凉地区科技进步一等奖	1999年
28	庄浪县梯田资源清查研究	1993—1997	平凉地区水土保持科学研究所	姚西文　段义字　蒲玉宏　卞义宁　梁文辉　张嘉科　白小丽　屈风莲	平凉地区科技进步二等奖	1999年
29	小流域土-草-畜复合系统综合开发研究	1995—1998	平凉地区水土保持科学研究所	朱立泽　姚西文　白小丽　丁海霞　竹志明	甘肃省水利科技进步二等奖	1999年
30	小流域水土资源开发与商品经济发展研究	1994—1999	平凉地区水土保持科学研究所、庄浪县水保局、平凉地区水土保持工作总站	段义字　孙社贵　蒲玉宏　巩鸿有　何　煜　刘存国	甘肃省水利科技进步三等奖	2000年
31	黄土高原沟道防治开发有机生物工程技术研究与推广	1997—1999	平凉市水土保持科学研究所	孙尚海　任　烨　卞义宁　王　威　马永骞	甘肃省水利科技进步三等奖	2000年
32	树莓优良品种引种及栽培技术研究	2000—2003	平凉市水土保持科学研究所	卞义宁　任　烨　毛泽秦　韩东堂　朱立泽　吕晓霞　段义字　王　辅　屈风莲　李瑞芳　朱　岩	甘肃省水利科技进步一等奖	2004年
33	城郊水土资源开发与可持续利用研究	2000—2003	平凉市水土保持科学研究所	王　辅　任　烨　曹轶杰　何　倩　梁文辉　熊英明　卞义宁　姚金霞　李平川	甘肃省水利科技进步二等奖	2004年
34	平凉市农村饮水工程自动化控制研究试验与示范推广	2001—2004	平凉市水利水保工程技术服务处、平凉市农村人饮工程建设领导小组办公室、静宁县农村人饮工程建设领导小组办公室、华亭县农村人饮工程建设领导小组办公室	毛泽秦　王生荣　李明玉　魏宝通　刘苏杰　高　涛　张小东　秦彦军　朱进科　刘　辉　刘　钰　程尚军　方俊贤	平凉市科技进步一等奖	2004年
35	退耕宜林地甘肃桃栽培技术及开发利用研究	2001—2004	平凉市水土保持科学研究所	陈泾瑞　段义字　白小丽　柳禄祥　王宏伟　陈玉芳　高惠芳　张俊明	甘肃省水利科技进步一等奖	2005年

续表 7-4-1

序号	成果项目名称	起止年份	完成单位	主要参加人员	获奖类别和等级	获奖年份
				姚金霞 张维乾 王季红 吕晓霞 赵彦春 何 艳 何 瑾		
36	优质饲草鲁梅克斯 K-1 在平凉市适生性引种试验研究	2001—2004	平凉市水土保持科学研究所	曹轶杰 王 伟 吴志荣 陈晓波 赵彦春 牛 辉 张惠琴 朱登辉 张俊明 张林平 雷 波 丁清光	平凉市科技进步二等奖	2005 年
37	平凉市退耕还草产业化技术开发与示范	2003—2004	平凉市水土保持科学研究所	曹轶杰 姚西文 朱立泽 张可斌 毛泽秦 柳禄祥 白小丽 胡治平 曹 喆 曹 乐 王季红 曹 霞 吴志荣	平凉市科技进步一等奖	2005 年
38	平凉市纸坊沟流域水土资源耦合效应与可持续发展研究	2001—2004	平凉市水土保持科学研究所	屈风莲 姚西文 毛泽秦 朱 岩 张维乾 王春平 何 倩 李瑞芳 刘少霞 熊英明 何 艳 曹 霞	甘肃省水利科技进步二等奖	2005 年
39	优质葡萄——美国红提引种试验示范及推广	2002—2005	平凉市水土保持科学研究所	朱立泽 魏宏庆 卜义宁 何贵生 王季红 吕晓霞 车守祯 白小丽 屈风莲 吴志荣 马 强 陈玉芳 何 艳 李瑞芳 王安民	甘肃省水利科技进步二等奖	2006 年
40	平凉地区煤矿、火电和城建区水土流失成因及防治措施研究	2001—2005	平凉市水土保持科学研究所	梁文辉 毛泽秦 熊英明 李仁平 张晓红 刘晓东 陈亚鹏 马 强 冯 虹 刘惠霞 李红梅 陈志达 王安民	甘肃省水利科技进步二等奖	2006 年
41	四翅滨藜引种及栽培试验与示范推广研究	2004—2006	平凉市水土保持科学研究所	卜义宁 柳禄祥 张森林 车守祯 吕晓霞 屈风莲 朱 岩 何 倩 王银军 吴志荣 何 艳 王季红 张小东 刘黎君	平凉市科技进步三等奖	2007 年

续表 7-4-1

序号	成果项目名称	起止年份	完成单位	主要参加人员		获奖类别和等级	获奖年份
42	华亭县水资源开发利用智能化调控技术及其系统开发研究	2004—2006	平凉市水利水保工程技术服务处、华亭县节水型社会建设领导小组（办公室）、甘肃威士自动化工程有限责任公司	毛泽秦 苟大勇 李明玉 张小东 朱明旭 李斌斌 张 娟 赵全德	刘 钰 刘兴武 赵志宏 李秀娟 陈 娟 杜国林 孙国霞	平凉市科技进步二等奖	2007 年
43	纸坊沟流域径流泥沙观测资料成果整编及水土资源高效开发利用模式研究	2002—2006	平凉市水土保持科学研究所、甘肃省庆阳水文资源勘测局	毛泽秦 曹轶杰 何 倩 肖枫林 李瑞芳 牛 辉 王安民 冯 虹	朱 岩 卞义宁 王春平 熊英明 刘恒道 张林平 刘惠霞	平凉市科技进步三等奖	2008 年
44	平凉市纸坊沟流域水沙特性及水土流失特点研究	2005—2007	平凉市水土保持科学研究所、西北农林科技大学	毛泽秦 王进鑫 张俊民 吕和平 张小东 陈玉芳	段义字 屈风莲 朱福海 何 倩 刘少霞 张惠琴	甘肃省水利科技进步二等奖、水利部大禹科技奖三等奖	2008 年 2009 年
45	平凉水土流失区适宜树莓品种繁殖技术与示范	2004—2007	平凉市水土保持科学研究所	任 烨 张森林 姚金霞 张俊民 陈志达 吕忠明	吕晓霞 何 倩 席永刚 熊英明 张虎贝	甘肃省水利科技进步二等奖	2008 年
46	达溪河流域甘农 2 号苜蓿引种繁育与示范推广	2005—2007	平凉市水土保持科学研究所	朱立泽 白小丽 陈志达 王纪红 张俊民 马 强 刘会霞	毛泽秦 仇 享 姚西文 张小红 吴志荣 冯 虹	甘肃省水利科技进步二等奖	2009 年
47	淤地坝高效开发利用技术研究与示范	2004—2008	平凉市水土保持科学研究所	段义字 白小丽 梁文辉 王春平 刘少霞 张惠琴	毛泽秦 王万泰 熊英明 李瑞芳 曹 霞 陈小波	甘肃省水利科技进步一等奖	2009 年
48	退耕宜林地杏树栽培技术推广及生态经济效应研究	2005—2008	平凉市水土保持科学研究所	段义字 王安民 王春平 何 倩 屈风莲 张小红	白小丽 熊英明 朱 岩 刘少霞 李瑞芳 曹 霞	甘肃省水利科技进步二等奖	2009 年

续表 7-4-1

序号	成果项目名称	起止年份	完成单位	主要参加人员	获奖类别和等级	获奖年份
49	陇东黄土高原区灌木种质资源及主要水土保持灌木研究	2005—2009	平凉市水土保持科学研究所	卞义宁 吕晓霞 张峰 李秀娟 刘惠霞 屈风莲 何倩 张小东 张惠琴 陈小波 薛淑娟	甘肃省水利科技进步一等奖	2010年
50	平凉市城市建设中的水土流失防治与环境治理研究	2006—2009	平凉市水土保持科学研究所	陈泾瑞 柳禄祥 梁文辉 曹霞 刘存国 宋亮 何艳 刘惠霞 陈玉芳	甘肃省水利科技进步二等奖	2010年
51	建设型水土保持和生态保护与区域经济可持续发展研究	2009—2011	平凉市水土保持科学研究所、西北大学城市与环境学院	陈泾瑞 张阳生 何倩 韩芬 冯虹 张森林 完海明 张海红 刘铠源 刘惠霞 何艳	甘肃省水利科技进步二等奖	2012年
52	平凉市红富士苹果标准化生产关键技术研究示范	2008—2010	平凉市水土保持科学研究所	王辅 何倩 白小丽 田鹏垓 何煜 王春平 冯虹 朱岩 刘少霞 李瑞芳 曹霞	甘肃省水利科技进步二等奖	2012年
53	多指标模糊模式识别多目标规划理论方法在农村规划中的应用研究	2011—2012	平凉市水土保持科学研究所	王辅 段义宇 柳禄祥 王安民 车守祯 田耕	平凉市科技进步二等奖	2013年
54	西北典型区域基于水分管理的森林植被承载力研究	2009—2013	中国林业科学研究院森林生态与保护研究所、平凉市水土保持科学研究所	王彦辉 任烨 王安民 何倩 韩芬	国家林业局科技司组织验收	2014年
55	中国西北泾河流域的产水量对土地利用和气候变化的影响	2011—2013	德累斯顿科技大学土壤科学与立地生态研究所、平凉市水土保持科学研究所	卡尔·海因茨·费加教授博士 凯·施维茨博士 张璐璐 王彦辉 任烨 王安民 何倩 韩芬		2014年
56	平凉市水土保持生态修复分区评价指标体系研究	2006—2014	平凉市水土保持科学研究所	姚西文 柳禄祥 屈风莲 韩芬 何艳 曹霞 刘会霞 刘少霞 李凤梅 陈玉芳	平凉市科技进步一等奖	2015年

续表 7-4-1

序号	成果项目名称	起止年份	完成单位	主要参加人员		获奖类别和等级	获奖年份
57	黄土丘陵沟壑区规模化梯田果园农林复合生态经济效应研究	2012—2015	平凉市水土保持科学研究所	段义字 王安民 王志刚 王可壮 何 艳 刘丽君	白小丽 王 辅 王春平 牟 极 朱 岩	甘肃省水利科技进步二等奖	2016 年
58	甘肃东部城市水土保持生态环境建设防范措施研究	2012—2016	平凉市水土保持科学研究所	陈泾瑞 刘铠源 李建忠 符天棋 韩 芬	何 倩 吕惠玲 车守祯 田 耕 刘会霞	甘肃省水利科技进步二等奖	2017 年
59	平凉生态市建设评价研究	2013—2016	平凉市水土保持科学研究所	王安民 王可壮 吕和平 刘会霞 刘少霞 姚金霞	韩 芬 牟 极 刘铠源 何 倩 梁文辉 王春平	甘肃省水利科技进步二等奖	2017 年
60	温凉阴湿山区中药材旱半夏高产栽培技术试验示范及推广	2016—2018	平凉市水土保持科学研究所、华亭县策底镇大南峪村	段义字 王可壮 汝海丽 任少佳 王春平 刘黎君	王安民 王 辅 牟 极 白小丽 刘少霞 朱 岩	平凉市科技局主持验收	2018 年

第五节　科研论文

　　平凉市水土保持科学研究所自成立以来，一代代水土保持科技工作者深入水土流失综合治理和科研工作一线，紧密结合各个历史阶段水土保持工作的特点和要求，理论联系实践开展水土保持科研试验，积极探索水土保持新方法、新技术和新理论，总结撰写的学术论文在各类学术刊物上刊登发表 162 篇（见表 7-5-1），在各类学术会议上交流发表 32 篇（见表 7-5-2），参与专著撰写 3 部。

表 7-5-1 刊登发表学术论文统计

序号	出版时间	论文名称	出版刊物名称	作者
1	1954 年第 11 期	平凉专区积极进行秋季造林工作	新黄河	范钦武
2	1958 年	纸坊沟暴雨、洪水、泥沙实测报告	水利水土保持	甘锡儒 杨永立
3	1980 年第 3 期	引种"沙打旺"的初步成果	水土保持	甘肃省平凉地区水土保持试验站
4	1984 年第 9 期	龙背花	中国水土保持	孙尚海 张淑芝
5	1985 年第 11 期	梯田水分动态及抗旱增产作用的初步分析	中国水土保持	孙尚海 张淑芝
6	1985 年第 2 期	沙打旺结籽因素探讨	草与畜杂志	甘肃省平凉地区水保站
7	1985 年第 2 期	沙打旺引种栽培技术	草与畜杂志	甘肃省平凉地区水保站
8	1985 年第 2 期	沙打旺种子基地与推广	草与畜杂志	甘肃省平凉地区水保站
9	1987 年第 6 期	沙打旺青贮饲喂役牛效果好	甘肃畜牧兽医	叶 飞
10	1988 年	平凉地区水资源与国民经济发展前景	甘肃省自然科学	杨永立
11	1989 年第 4 期	夏季梯田建设及效益分析	甘肃科技情报	王立军
12	1989 年第 7 期	大岔河流域人为活动对水土流失影响的调查	中国水土保持	刘东升 丁清光
13	1989 年第 7 期	黄土高原沟壑区林牧共生的途径	中国水土保持	孙尚海
14	1989 年第 8 期	一种适于舍饲的羊种——小尾寒羊	水土保持科技信息	范钦武 姚西文
15	1990 年第 12 期	梯田是干旱山区确保粮食稳产高产的基础	甘肃农业科技	张淑芝 孙尚海
16	1991 年第 4 期	黄土高原沟壑区刺槐水土保持林的适宜密度和经营管理初探	甘肃林业科技	张淑芝 孙尚海 卞义宁
17	1992 年第 2 期	水平梯田地坎人工种草调查	草与畜杂志	段义字 车守祯 王 伟
18	1993 年第 2 期	优良水土保持灌木——华中五味子	中国水土保持	卞义宁
19	1993 年第 3 期	开发利用梯田埂坎 提高山区环境容量	中国水土保持	段义字 梁振科
20	1993 年第 6 期	小流域畜牧亚系统的能流物流特征分析	草业科学	姚西文 竹志明 朱立泽 陈贵均
21	1994 年第 11 期	堡子沟梁峁顶沙棘混交林生态经济效应研究	人民黄河	段义字
22	1994 年第 9 期	陇东黄土高原沟壑区刺槐水保林合理密度初探	中国水土保持	卞义宁

续表 7-5-1

序号	出版时间	论文名称	出版刊物名称	作者
23	1995 年第 10 期	中沟流域水土保持综合治理经济分析与效益评价	中国水土保持	任 烨　张 丰
24	1995 年第 10 期	煤矿废弃堆积物坡面侵蚀研究初报	中国水土保持	蒲玉宏　王 伟
25	1995 年第 2 期	矿渣地栽植油松试验研究	甘肃林业科技	蒲玉宏　刘东升　张 丰
26	1995 年第 4 期	应用耗散结构理论配置水保林体系及其效益的研究	中国水土保持	孙尚海　张淑芝
27	1995 年第 6 期	水土保持林体系的功能有序	中国水土保持	张淑芝　孙尚海
28	1995 年第 7 期	黄土地区刺槐密度确定方法	水土保持科技信息	卞义宁
29	1995 年第 7 期	水保林体系的整体增益	中国水土保持	张淑芝　孙尚海
30	1995 年第 8 期	梯田生态经济型防护林网的配置模式与效益研究	中国水土保持	陈泾瑞
31	1995 年第 8 期	埂坎林草对梯田土壤水分及作物产量的影响	人民黄河	段义字
32	1995 年第 9 期	中沟流域的重力侵蚀及其防治	中国水土保持	孙尚海　张淑芝　张 丰
33	1996 年第 2 期	堡子沟流域农业经济系统灰色分析	农业系统科学与综合研究	段义字
34	1996 年第 2 期	陇东黄土高原沟壑区山楂水保经济林丰产栽培技术研究与推广	兰州科技情报	张淑芝　陈泾瑞　孙尚海
35	1996 年第 3 期	陇东半干旱地区刺槐水保林合理密度分析与探讨	中国水土保持	卞义宁
36	1996 年第 4 期	优良水土保持灌木——白杜	中国水土保持	卞义宁　孙尚海
37	1996 年第 5 期	市场经济条件下榆林沟流域农业资源开发对策	自然资源（现资源科学）	段义字　蒲玉宏
38	1996 年第 9 期	矿渣地栽植油松试验研究	中国水土保持	蒲玉宏　刘东升　张 丰
39	1998 年第 3 期	陇东黄土高原沟壑区水保林有效覆盖率及其确定方法	中国水土保持	卞义宁　吕晓霞
40	1999 年第 3 期	旱地坑种马铃薯栽培技术方案优化决策分析	干旱地区农业研究	段义字　蒲玉宏
41	2001 年第 3 期	庄浪县梯田化建设与土地人口承载力研究	中国水土保持	陈泾瑞
42	2001 年第 3 期	平凉地区泾河流域水资源可持续开发探讨	西北水资源与水工程	毛泽秦
43	2001 年第 8 期	区域性农业节水调查分析	甘肃农业	毛泽秦　宋永锋
44	2001 年 11 月	庄浪县梯田化农业可持续发展对策初探	农业现代化研究2001 年专刊	段义字　白小丽

续表 7-5-1

序号	出版时间	论文名称	出版刊物名称	作者
45	2001 年第 11 期	雨水集蓄利用是改善山塬区农村环境容量的有效途径	甘肃水利水电技术	毛泽秦
46	2002 年第 2 期	庄浪梯田化县农业可持续发展对策	农业环境与发展	白小丽　段义字
47	2003 年第 10 期	分层随机抽样调查技术在梯田资源调查中的应用研究	中国水土保持	姚西文　屈风莲
48	2003 年第 4 期	构建黄土高原地区水土资源可持续开发与利用三结构模式——以陇东（平凉）黄土高原地区为例	水土保持研究	任　烨　梁文辉
49	2003 年第 6 期	鲁梅克斯 K-1 优质饲草引种栽培试验	甘肃畜牧兽医	卞义宁
50	2004 年第 10 期	纸坊沟流域坝地土壤特性及作物适宜性研究	甘肃农业	姚西文
51	2004 年第 12 期	淤地坝对沟坡土壤水分及作物生长影响的研究	人民黄河	屈风莲　姚西文　毛泽秦
52	2004 年第 1 期	平凉市坝地生态农业建设存在的问题与对策	农业环境与发展	段义字
53	2004 年第 4 期	纸坊沟流域淤地坝坝地水分环境与可持续发展	甘肃水利水电技术	姚西文
54	2004 年第 7 期	华亭县石堡子工业开发区水资源开发利用途径探讨	甘肃农业	毛泽秦　宋永锋
55	2004 年第 8 期	平凉市城区防洪存在的问题及对策	甘肃农业	朱　岩　段义字
56	2005 年第 10 期	开发坝地资源　促进可持续发展	甘肃农业	刘少霞
57	2005 年第 12 期	田家沟小流域治理后续产业开发现状及可持续发展对策初探	甘肃农业	刘少霞
58	2005 年第 2 期	退耕宜林地甘肃桃栽培与水土资源高效利用研究	甘肃农业	曹轶杰
59	2005 年 4 月	平凉工业强市的战略目标和适宜模式探讨	平凉论坛	毛泽秦
60	2005 年第 5 期	华亭煤矿仪山沟弃渣场水土流失现状与防治措施	甘肃农业	段义字　白小丽
61	2005 年第 6 期	退耕宜林地甘肃桃栽培与水土资源可持续利用效益分析	水土保持通报	段义字　陈泾瑞
62	2005 年第 6 期	退耕宜林地高效利用增值评估分析	人民黄河	段义字
63	2005 年第 8 期	平凉市退耕还草产业化系统结构分析研究	甘肃农业	曹轶杰

续表 7-5-1

序号	出版时间	论文名称	出版刊物名称	作者
64	2005 年第 8 期	退耕还草产业化技术经济效果评价方法探讨	草业科学	朱立泽
65	2006 年第 7 期	对发展农村安全饮水事业的思考	水利发展研究	毛泽秦
66	2006 年第 2 期	雨养型农业区水资源合理开发与可持续利用的几种有效模式	水土保持研究	任 烨 何 倩
67	2006 年 5 月	替投资项目"猝死"症把脉	平凉论坛	毛泽秦
68	2006 年第 6 期	荒漠戈壁区某煤矿矿井建设工程新增水土流失预测及防治对策	水土保持研究	梁文辉 段义字
69	2006 年第 6 期	适宜陇东及环境条件相似地区栽培的树莓优良新品种推广介绍	甘肃农业	何 倩 任 烨
70	2007 年第 11 期	坝系在纸坊沟流域沟道洪水洪沙治理开发中的作用	农业科技与信息	梁文辉
71	2007 年第 1 期	平凉市退耕地栽培仁用杏的气候与土壤条件分析	甘肃农业	段义字 王安民
72	2008 年第 2 期	创新坝系建设管理思路 进一步强化黄土沟壑区水土流失治理	水利发展研究	毛泽秦
73	2008 年第 6 期	纸坊沟小流域综合治理成效及水土资源高效开发利用模式	中国水土保持	毛泽秦
74	2008 年第 8 期	退耕还林还草区坝地土壤理化性状分布特征初析	世界农业	李瑞芳
75	2008 年第 9 期	世行贷款在平凉项目中的效益与评价	甘肃农业	毛泽秦
76	2008 年第 15 期	庄浪县农村安全饮水建设经验与启示	中国水利	毛泽秦
77	2008 年第 11 期	甘肃桃不同立地条件、不同密度栽培试验研究	世界农业	熊英明 陈泾瑞
78	2009 年第 4 期	甘肃省庄浪县农村安全饮水建设经验与启迪	水利发展研究	毛泽秦
79	2009 年第 11 期	平凉市城郊土地资源补偿性开发平衡分析及水土保持对策	中国水土保持	王辅
80	2009 年第 3 期	退耕宜林地仁用杏水土保持生态经济效应分析	世界农业	白小丽
81	2009 年第 3 期	悬钩子属植物开发利用与生态环境建设	世界农业	吕晓霞 卞义宁

续表 7-5-1

序号	出版时间	论文名称	出版刊物名称	作者
82	2009 年第 6 期	浅议平凉市水资源可持续利用之对策	世界农业	姚金霞
83	2009 年第 6 期	对平凉市水资源开发利用情况的调查与思考	甘肃农业	姚金霞
84	2009 年第 6 期	纸坊沟流域水土流失影响因素及降水径流泥沙变化特征初步分析	世界农业	王春平
85	2009 年第 8 期	火电建设项目水土流失防治措施及对策分析——以华亭电厂为例	世界农业	陈玉芳
86	2009 年第 8 期	纸坊沟坝地水土资源开发与经济可持续发展	甘肃农业	曹霞
87	2009 年第 8 期	红提葡萄几种常见病害及其防治	世界农业	张慧琴
88	2009 年第 8 期	科学统筹新农村建设中的新村建设思考	中国农业	毛泽秦
89	2009 年第 9 期	国家水土保持生态工程民乐河项目区综合治理模式研究	甘肃农业	王辅
90	2010 年第 11 期	平凉市苹果产业发展现状、存在问题及对策	果农之友	屈凤莲
91	2010 年第 1 期	对平凉市水土保持生态建设的思考	甘肃农业	何艳
92	2010 年第 3 期	庄浪县水土保持生态建设特点及可持续发展对策分析	甘肃农业	曹霞
93	2010 年第 3 期	红提葡萄主要虫害及其防治技术	世界农业	刘会霞　张慧琴
94	2010 年第 3 期	纸坊沟流域近 50 年水沙特性及其变化研究	水土保持研究	毛泽秦
95	2010 年第 6 期	对庄浪县梯田建设问题的思考与建议	水利发展研究	毛泽秦　柳喜仓
96	2010 年第 7 期	园林植物景观空间设计构景手法探讨	甘肃农业	李瑞芳
97	2010 年第 7 期	浅谈平凉市八里庙水库除险加固工程建设管理经验做法	世界农业	王安民　陈志达
98	2010 年第 7 期	浅析淤地坝建设中存在的问题及解决对策——以甘肃省平凉市淤地坝建设、运行为例	世界农业	陈志达　王安民
99	2010 年第 7 期	纸坊沟流域水土资源开发利用与可持续发展	世界农业	屈凤莲
100	2010 年第 8 期	频振式杀虫灯和糖醋液对苹果病虫害的无公害化防治效果	甘肃农业	王　辅

续表 7-5-1

序号	出版时间	论文名称	出版刊物名称	作者
101	2010 年第 8 期	几种不同杀菌剂对苹果斑点落叶病防治效果试验	甘肃农业	王 辅
102	2010 年第 8 期	浅谈平凉市乔化密植苹果园的改造技术	世界农业	屈凤莲
103	2011 年第 10 期	庄浪县坡耕地水土流失综合治理成效及存在的问题与对策	中国水土保持	段义字　白小丽
104	2011 年第 1 期	平凉市纸坊沟流域水土流失影响因素及其相关关系分析	水土保持研究	毛泽秦　王进鑫
105	2011 年第 5 期	纸坊沟小流域水文特征与降水量关系初步分析	水土保持学报	段义字　吕惠明
106	2011 年第 8 期	平凉市纸坊沟流域降水、径流及输沙变化特征初步分析	甘肃农业	冯 虹
107	2012 年第 21 期	山地梯田果园幼树期园地利用效益初步分析	甘肃农业	白小丽　段义字
108	2012 年第 30 期	平凉城市开发建设区水土流失防治及其生态环境建设防范措施分析及研究	城市建设理论研究	陈泾瑞
109	2012 年第 3 期	平凉市水资源开发利用及对策	平凉论坛	柳禄祥
110	2012 年第 6 期	黑莓压顶繁殖法试验研究	中国水土保持	任　烨　何　倩　姚金霞　吕晓霞　张俊明
111	2013 年 14 期	新型城镇化的核心是农民工市民化	农业科技与信息	李凤梅
112	2013 年第 10 期	小时天 PE 双壁波纹管在高庄中型　淤地坝除险加固工程中的应用	甘肃农业	王安民
113	2013 年第 17 期	纸坊沟流域坝地形成及开发利用	甘肃农业	李凤梅
114	2013 年第 1 期	对雨养旱作农业区补充灌溉试行免收水费的思考与建议	水利发展研究	毛泽秦
115	2013 年第 3 期	平凉市纸坊沟小流域近 50 年径流对降水的响应分析	水土保持研究	段义字　白小丽
116	2013 年第 6 期	对陇东黄土高原区优良水土保持灌木茅莓的研究	甘肃农业	刘黎君
117	2013 年第 8 期	关于山洪灾害非工程措施项目建设的思考与建议	甘肃水利	毛泽秦
118	2013 年第 9 期	建立以建带管机制，建好管好用好小型农田水利工程	水利发展研究	毛泽秦
119	2014 年第 18 期	花叶丁香对陇东黄土高原区水土保持的作用	甘肃农业	刘铠源　卞义宁　蒋志荣

续表 7-5-1

序号	出版时间	论文名称	出版刊物名称	作者
120	2014 年第 19 期	梯田建设是平凉农业发展的根本措施	甘肃农业	何倩
121	2014 年第 22 期	平凉市纸坊沟流域山洪沟防洪治理工程建设管理经验	甘肃农业	王安民
122	2014 年第 2 期	平凉市加强水利管理的十种有效模式	水利发展研究	毛泽秦
123	2014 年第 3 期	甘肃泾川 3 种径级刺槐林的冠层截留降雨作用	林业科学	王安民 任烨 王彦辉 韩芬 张俊明
124	2015 年第 12 期	甘肃省平凉市生态足迹和生态承载力动态研究	甘肃农业	韩芬 王安民 王可壮 牟极
125	2015 年第 1 期	甘肃泾川中沟流域刺槐林地土壤水分对降雨的响应关系	农业科技与信息	韩芬 任烨 王安民 何艳 张俊明
126	2015 年第 1 期	层次聚类分析方法在水土保持生态修复分区中的应用	水利建设与管理	姚西文 韩芬
127	2015 年第 20 期	平凉市纸坊沟城郊观光型小流域建设现状及成效	中国水利	白小丽 段义字
128	2015 年第 21 期	平凉生态市建设指标研究	甘肃农业	牟极 韩芬 王安民 王可壮
129	2015 年第 22 期	中沟流域土地利用变化趋势分析	甘肃农业	何倩
130	2015 年第 22 期	山地梯田果园不同坡位土壤水分变化特点分析	甘肃农业	白小丽 段义字
131	2015 年第 24 期	水土保持技术在小流域治理中的运用	甘肃农业	马强
132	2015 年第 6 期	黄土高原沟壑区不同灌木林地土壤渗透性及其影响因素研究	现代农业装备	刘铠源 卞义宁 蒋志荣
133	2015 年第 7 期	甘肃泾川刺槐林地穿透雨对降雨的响应	人民黄河	韩芬 任烨 王彦辉 王安民 何艳 张俊明
134	2015 年第 8 期	基于生态足迹的平凉市可持续发展能力评价	生产力研究	韩芬 王安民 王可壮 牟极
135	2016 年第 5 期	利用土地资源促进精准脱贫工作的探讨	甘肃农业	柳禄祥 姚西文
136	2017 年第 12 期	水土保持工作现状及对策研究	农业科技与信息	吕和平 高希旺
137	2017 年第 17 期	纸坊沟流域山洪灾害综合防治体系建设探索	中国水利	牟极 齐广平 段义字 王安民
138	2017 年第 19 期	水土保持生态修复分区治理措施研究	农业科技与信息	刘少霞

续表 7-5-1

序号	出版时间	论文名称	出版刊物名称	作者
139	2017 年第 2 期	崆峒山灌木群落样线技术调查及群落分析	农业开发与装备	卞义宁
140	2017 年第 4 期	水土保持综合治理助推精准扶贫——平凉市纸坊沟流域群众脱贫致富的思考	甘肃水利	柳禄祥　王安民
141	2017 年第 5 期	优良水土保持灌木——花叶丁香	世界农业	卞义宁
142	2017 年第 5 期	平凉市水土保持生态修复分区研究	中国水土保持	姚西文
143	2017 年第 6 期	平凉市水利改革试点工作实践与启示	中国水利	毛泽秦
144	2017 年第 7 期	平凉市水土保持生态修复分区措施配置及修复效果研究	中国水土保持	姚西文
145	2018 年第 11 期	华亭县大南峪村特色美丽乡村建设现状及对策	现代农业科技	段义字　王安民 王可壮
146	2018 年第 11 期	崆峒山灌木种质资源及分科检索表	农业开发与装备	卞义宁
147	2018 年第 12 期	陇东黄土高原区灌木种质资源分析	中国水土保持	卞义宁
148	2018 年第 23 期	不同种植模式对旱半夏生长及产量的影响初探	甘肃农业	王可壮　段义字 王安民　汝海丽
149	2018 年第 5 期	山地梯田果园幼树期农果复合经营生产力分析	甘肃农业	段义字
150	2018 年第 7 期	温凉阴湿山区中药材旱半夏高产栽培技术试验研究	甘肃农业	王安民　段义字 王可壮　牟 极
151	2018 年第 7 期	陇东黄土塬面保护存在的问题与对策浅析	水利规划与设计	段义字　白小丽
152	2019 年第 4 月	黄土高原水土流失区高级油用类植物资源	自然科学	刘铠源　刘开琳
153	2019 年第 5 期	陇东黄土高塬沟壑区欧李引种栽植花期冻害调查研究	中国水土保持	王可壮　姚西文 汝海丽　王安民 高希旺
154	2019 年第 6 期	水土保持工程措施安全管理问题及对策浅析	城镇建设	朱 岩
155	2019 年第 6 期	欧李在平凉市引种栽植及适应性研究	甘肃农业	姚西文　汝海丽 马 强　吕和平 牟 极
156	2019 年第 7 期	温凉阴湿山区旱半夏种植效益对比分析	甘肃农业	段义字　王安民 王可壮　汝海丽
157	2019 年第 8 期	生态平凉可持续发展效率评价及能力分析	甘肃农业	朱 岩　王可壮

续表 7-5-1

序号	出版时间	论文名称	出版刊物名称	作者
158	2019 年第 9 期	平凉市城市建设对生态环境影响的探讨	农业技术与装备	刘少霞
159	2020 年第 18 期	充分发挥好市县级河长制办公室职能的思路及抓手	中国水利	毛泽秦
160	2020 年第 4 期	欧李在陇东黄土高原地区引种栽植的生物学特征研究	中国水土保持	汝海丽　马　强 吕和平　丁爱强 刘铠源　靳雪琴
161	2020 年第 4 期	平凉中心城区雨洪减控与利用措施探讨	水利规划与设计	段义字　白小丽
162	2020 年第 9 期	庄浪县水利管理单位体制改革成果巩固深化成效与启示	基层建设	毛泽秦

表 7-5-2　学术会议交流论文

序号	出版时间	论文（专著）名称	论文集（出版社）	作者
1	1987 年 11 月	水平梯条田建设在茜家沟流域治理中的地位及作用	黄土高原农牧业问题及其解决途径讨论会论文选编	王立军
2	1990 年 2 月	小流域内草资源利用途径的研究	甘肃省小流域治理学术研讨会论文集	姚西文
3	1990 年 2 月	茜家沟流域治理效益显著	甘肃省小流域治理学术研讨会论文集	范钦武
4	1990 年 2 月	大岔河流域人为活动对水土流失的影响调查	甘肃省小流域治理学术研讨会论文集	刘东升　丁清光
5	1990 年 10 月	梯田是干旱山区抵御旱洪灾害确保粮食稳定高产的基础	中国减轻自然灾害研究	张淑芝
6	1990 年 2 月	黄土高原沟壑区小流域水保措施拦蓄效益分析计算方法初探	甘肃省小流域治理学术研讨会论文集	王　伟
7	1990 年 2 月	小流域林牧共生途径	甘肃省小流域治理学术研讨会论文集	孙尚海
8	1990 年 8 月	水平梯田地坎人工种草调查及效益分析	黄土高原农业系统国际学术会议论文集（甘肃科技出版社）	段义字　车守祯 王　伟
9	1990 年 8 月	庄浪堡子沟流域地埂防护林调查浅析	平凉地区一九八九年度水土保持优秀论文选编	段义字
10	1990 年 8 月	小尾寒羊引种繁育及其效益研究	平凉地区一九八九年度水土保持优秀论文选编	姚西文　朱立泽 竹志明

续表 7-5-2

序号	出版时间	论文（专著）名称	论文集（出版社）	作者
11	1990 年 8 月	从沟坝地建设看我区粮食生产的潜力	平凉地区一九八九年度水土保持优秀论文选编	范钦武
12	1990 年 8 月	中沟流域重力侵蚀及其防治	平凉地区一九八九年度水土保持优秀论文选编	孙尚海　张淑芝
13	1990 年 8 月	山毛桃	平凉地区一九八九年度水土保持优秀论文选编	孙尚海　卞义宁
14	1990 年 8 月	官山中沟流域不同土地利用类型土壤侵蚀研究	平凉地区一九八九年度水土保持优秀论文选编	陈泾瑞　张淑芝　任　烨
15	1990 年 8 月	庄浪堡子沟流域农村生活用能调查研究	平凉地区一九八九年度水土保持优秀论文选编	车守祯　梁振科　熊英明
16	1990 年 8 月	论平凉地区 25° 以上坡耕地禁止开垦种植农作物的可行性分析	平凉地区一九八九年度水土保持优秀论文选编	王　伟
17	1992 年 4 月	崆峒山灌木	内部出版 [甘新出 028 字总字 109 号（92）22 号]	卞义宁（主编之一）
18	1992 年 5 月	关于小流域坝系效益的分析	水土保持科学理论与实践第二次全国水土保持学术讨论会议文集	范钦武　梁文辉
19	1992 年 8 月	黄土高原沟壑区林牧共生途径的探讨	黄土高原农业系统国际学术会议论文集	孙尚海　张淑芝
20	1993 年 7 月	小流域刺槐林合理密度及管理	全省小流域治理学术研讨会优秀论文	卞义宁
21	1993 年 7 月	小流域综合治理效益评价	获甘肃省试点小流域治理开发学术研讨会优秀论文奖	朱立泽　竹志明　姚西文
22	1994 年 1 月	小流域水土保持科技服务体系建设及作用	1994 年"全国第二届水土保持青年学术讨论会"优秀论文奖	段义字
23	1994 年 7 月	黄土高原水土保持灌木	中国林业出版社	孙尚海　张淑芝　卞义宁（编委之一）
24	1994 年 8 月	小尾寒羊系统动态仿真研究	在中国系统工程协会 1989 年年会上交流被评为二等奖	姚西文　朱立泽

续表 7-5-2

序号	出版时间	论文（专著）名称	论文集（出版社）	作　者
25	1994 年 9 月	开发利用水土资源逐步发展我省旱作区的"两高一优"农业	甘肃省两高一优农业建设与发展研讨会论文集	王立军
26	1994 年 10 月	从茜家沟流域治理过程看试点工作的发展前景	获全国第二届水土保持青年学术讨论会交流优秀论文奖	王立军
27	1994 年 12 月	以市场为导向发展小流域"两高一优"农业—堡子沟流域农业综合开发实证分析	平凉地区两高一优农业建设与发展研讨会论文集	段义字
28	1994 年 12 月	试论农区"两高一优"畜牧业	平凉地区两高一优农业建设与发展研讨会论文集	姚西文　朱立泽
29	1997 年 12 月	推广山地烤烟生产，促进两高一优农业发展	平凉地区两高一优农业建设与发展研讨会论文集	卞义宁
30	2000 年 5 月	平凉地区水利建设回顾与近期发展重点	甘肃省跨世纪改革发展文论（第一卷上）	毛泽秦　刘苏杰
31	2002 年 1 月	退耕宜林地甘肃桃高效栽培与山区农业可持续发展	西部开发与系统工程（海洋出版社）	段义字　陈泾瑞
32	2005 年 11 月	榆林沟流域农产品商品化经营体系的建立及运行机制	小流域水土保持探索与实践（中国水利电力出版社）	段义字　熊英明
33	2007 年 11 月	平凉市牛产业发展的调查与思考	中共平凉市委党校第九届学员论坛，被评为三等奖	姚西文
34	2016 年 11 月	浅析平凉城市生态文明建设	平凉市第二届社科论坛——绿色平凉建设研讨会议文集，获论文三等奖	韩　芬　王可壮　牟　极　王安民
35	2018 年 1 月	甘肃黄土高原侵蚀沟道特征与水沙资源保护利用研究	黄河水利出版社	王可壮（编委之一）

纸坊沟流域固沟保塬沟头防护工程

平凉市水土保持科学研究所志（1954—2020）

第八章 项目建设与成效

纸坊沟流域自 1954 年被列为黄河流域重点治理区和试验基地以来，在 20 世纪 50—70 年代连续实施了群众性的水土保持综合治理和坝系工程建设，取得了显著的水土保持、山洪灾害治理和提高流域群众生产生活水平的成效。

进入 21 世纪以来，为进一步提升纸坊沟流域防洪能力，加强 3 座水库和科研基地建设，推进小流域综合治理提质增效，平凉市水土保持科学研究所按照不同时期国家、省、市水利水保项目建设政策导向，立足发展，顺势而为，乘势而上，在甘肃省水利厅、平凉市委市政府和市水务局及相关部门的大力支持下，积极争取并实施了一批水利水保建设项目，自 2000—2020 年累计实施项目 13 项，完成投资 2 917.31 万元，2020 年已批复项目 5 项，下达资金 504 万元。纸坊沟水利水保项目的建设实施，使流域防洪能力、生态治理、基础设施、科研基地建设成效都得到了显著的提升。

第一节 项目简介

一、平凉市八里庙水库除险加固工程

八里庙水库于 2002 年 7 月经甘肃省水利厅和平凉地区水利处组织鉴定和水利部大坝安全管理中心核定，认定为三类坝、病险水库，同意进行除险加固。省水利厅于 2003 年 1 月 7 日对初步设计进行了批复，2008 年 11 月 5 日又对设计变更进行了批复。工程总投资为 438 万元，建设内容为：坝体加宽培厚加固、溢洪道改建、泄洪洞改建、管理所改造、金属结构及机电设备更换等。工程于 2009 年 2 月 23 日正式开工，2009 年底全面完成建设任务，2010 年 4 月 25 日通过市级竣工技术预验收，2010 年 5 月初通过甘肃省水利厅验收。工程建设单位为平凉市水土保持科学研究所，设计单位为平凉地区水利水电勘测设计院、平凉市水利水保工程技术服务处，施工单位为平凉市水利水电工程局，监理单位为平凉市泾辰水利监理有限责任公司。

施工现场

省、市领导检查

建成效果图

竣工验收会

二、平凉市纸坊沟水库除险加固工程

2008 年 12 月，甘肃省水利厅和平凉市水务局组织专家现场核定了水库安全评价鉴定意见，确认纸坊沟水库为三类坝、病险水库，同意进行除险加固。甘肃省水利厅于 2010 年 9 月对工程初步设计作了批复，工程总投资 448 万元。建设内容为：大坝工程、溢洪道改建、泄洪洞改建、水库管理所改造四大部分。工程于 2011 年 2 月 26 日正式开工，2011 年 10 月底完工，2011 年 11 月通过市级验收，2011 年 11 月 30 日通过甘肃省水利厅验收。工程建设单位为平凉市水土保持科学研究所，设计单位为平凉地区水利水电勘测设计院、平凉市水利水保工程技术服务处，施工单位为平凉市水利水电工程局，监理单位为平凉市泾辰水利监理有限责任公司。

纸坊沟水库原貌　　　　　　　　　建设中的泄洪洞护岸

建成后的溢洪道闸房　　　　　　建成后的泄洪洞排洪渠

水利部领导检查　　　　　　　　　竣工验收会

三、甘肃省水土保持监测网络和信息系统建设二期工程水蚀监测点纸坊沟径流小区项目

该项目于 2009 年 9 月 21 日由甘肃省水土保持监测总站下达建设任务，总投资 13.56 万元。建设内容为：径流小区工程（7 个坡度为 5°、10°、15°、20° 的标准径流小区）、观测房建设，以及排水沟、围栏、进场大门等外围工程。该工程于 2010 年 5 月 1 日开工，至 2010 年 6 月

29 日完工。2010 年 8 月底通过甘肃省水土保持监测总站验收。组织实施单位为甘肃省水土保持监测总站，工程建设单位为平凉市水土保持监测分站、平凉市水土保持科学研究所，设计单位为平凉市水利水保工程技术服务处，施工单位为平凉市水利水电工程局，监理单位为西安黄河工程监理有限公司。

径流小区原貌

径流小区施工现场

项目建成全貌

省市部门现场验收

四、平凉市八里庙水库移民后期扶持项目二沟村人畜饮水工程

该工程于 2011 年 8 月 9 日由平凉市移民办批准立项、平凉市水务局批复，总投资 40 万元。建设内容为：在平凉市崆峒区峡门回族乡二沟村改造现状大口井，修建 100 立方米全封闭圆形高位蓄水池 1 座，埋设上水管 292 米、供水管道 5 536 米，修建闸阀井 4 座，供水点 7 个。工程于 2012 年 4 月 23 日开工建设，2012 年 7 月初完成建设任务，2013 年 12 月 12 日通过平凉市水务局组织的市级验收。工程建设单位为平凉市水土保持科学研究所，设计单位为平凉市水利水保工程技术服务处，施工单位为平凉市水利水电工程局。

高位蓄水池及大口井

五、平凉市高庄中型淤地坝除险加固工程

平凉市高庄中型淤地坝先后进行了两次除险加固。2011年11月15日，甘肃省水土保持局和平凉市水土保持局组织专家对高庄坝病险情况进行了技术鉴定和核查，认定高庄淤地坝属三类病险坝。2011年12月甘肃省水利厅对该项目第一次除险加固初步设计作了批复，工程总投资20万元，建设内容为：在高庄坝输水涵洞出口至主沟道段修建排洪设施，新建混凝土现浇消力池2处，过水池1处，首次成功引进新材料HDPE双壁波纹管123米作为排洪涵管。工程于2012年4月22日正式开工，2012年5月20日全面完成建设任务。2013年4月甘肃省水利厅又对高庄淤地坝二次加固设计进行了批复，投资20万元。其建设内容为：加宽加厚坝体、培厚加固左坝肩、上坝道路路侧排水沟等。工程于2014年5月18日开工建设，2014年5月31日竣工。工程建设单位为平凉市水土保持科学研究所，设计单位为平凉市水利水保工程技术服务处，施工单位为平凉建业建筑有限责任公司。

<table>
<tr><td style="text-align:center">排洪设施施工现场</td><td style="text-align:center">第一次除险加固完工面貌</td></tr>
</table>

坝体加宽加厚施工现场 坝体加宽加厚完工面貌

六、平凉市八里庙水库移民后期扶持项目八里庙水库库区道路庙沟改建工程

该工程于 2012 年列入全省水利基本建设项目计划，2012 年 11 月 10 日由平凉市水务局批复，总投资为 73 万元。建设内容为：在庙沟新建 1 处以坝代路工程，由坝顶长 69.2 米、宽 5.5 米，最大坝高 10 米的路基黄土均质大坝及坝下放水工程两部分组成，放水涵管为 HDPE 双臂波纹管。工程于 2013 年 5 月 17 日开工，2013 年 6 月 26 日完成建设任务。2013 年 11 月通过市级竣工验收。工程建设单位为平凉市水土保持科学研究所，设计单位为平凉市水利水保工程技术服务处，施工单位为平凉水电工程局。工程建设对庙沟段道路进行了改直，解决了移民区群众交通和生活困难并满足防洪抢险的需要。

路基黄土均质大坝 放水工程施工现场

七、平凉市八里庙水库上坝道路整修改建工程

2013 年，平凉市水土保持科学研究所为了保证八里庙水库防洪抢险，改善八里庙水库移民交通状况，进行了八里庙水库上坝道路整修改建工程项目申请。2014 年 5 月，平凉市水务局对八里庙水库上坝道路整修改建

工程作了批复，总投资 60 万元，工程建设内容包括路基工程、路面工程、道路排水工程三部分。工程于 2014 年 11 月 3 日正式开工，2014 年 12 月 2 日完工，2015 年 8 月通过市级验收。工程建设单位为平凉市水土保持科学研究所，施工单位为平凉市水利水电工程局。

八、平凉市纸坊沟流域山洪沟道治理工程

平凉市纸坊沟流域山洪沟道治理工程是全省第一批实施的 4 个重点示范项目之一，2014 年 3 月 31 日由甘肃省水利厅批准建设，总投资为 972 万元。工程治理范围为：纸坊沟流域八里庙水库至水磨坊桥段 4.5 千米沟道。工程建设内容为：主沟道新建堤防 4.442 千米，其中：左岸新建堤防 2.366 千米，右岸新建堤防 2.076 千米。新建八字墙 14 处，过路涵管 15 处，截洪沟 5 处；支沟小庙沟新建排洪渠 450 米、排洪涵洞 148 米、挡土墙 195 米。本工程于 2014 年 6 月 27 日正式开工，2015 年 4 月底完成建设任务，2015 年 4 月 30 日通过市级验收。工程建设单位为平凉市水土保持科学研究所，设计单位为平凉地区水利水电勘测设计院、平凉市水利水保工程技术服务处，施工单位为平凉市水利水电工程局，监理单位为甘肃省科泰工程技术咨询有限责任公司。

主沟道河堤治理前后对比照

主沟道河堤治理效果

支沟小庙沟治理前后对比照

国家、省、市领导检查　　　　　　山洪沟治理现场观摩会

九、平凉市 2016 年小型水库移民后期扶持项目八里庙水库二沟村道路排洪工程

该工程于 2016 年 6 月 12 日由甘肃省水利厅批复，下达资金 44 万元。建设内容为：从庙沟塘坝库区至八里庙水库，在溢洪道、排洪渠之间增设一道现浇钢筋混凝土盖板方孔涵洞。该工程于 2016 年 10 月 16 日开工，至 2016 年 11 月 20 日完工。2017 年 6 月底通过市级验收。工程建设单位为平凉市水土保持科学研究所，设计单位为平凉市水利水电勘测设计院，施工单位为平凉市水利水电工程局，监理单位为平凉市泾辰水利监理有限责任公司。

十、平凉市纸坊沟三座水库维修养护项目

为加强纸坊沟三座水库的安全运行，近年来，平凉市水土保持科学研究所对三座水库不断进行维修养护。2016 年 7 月对平凉市八里庙水库泄洪洞进行水毁维修，工程于 2016 年 8 月 15 日开工，2016 年 9 月 10 日竣

工，总投资 20 万元，本次水毁维修工程主要为：竖井及引水渠维修、泄洪洞补修工程和泄洪渠维修工程三部分内容。建设单位为平凉市水土保持科学研究所，设计单位为平凉市水利水电勘测设计院，施工单位为平凉市水利水电工程局。2019 年 12 月，实施了平凉市纸坊沟三座水库维修养护项目，总投资 105 万元。纸坊沟水库维修养护包括：坝坡渠道清淤及排洪渠维护，坝顶围栏更换、养护，补修部分管理设施，上坝道路硬化等。八里庙水库维修养护包括：路面维修养护及排水设施修复，上游坝坡马道铺设混凝土管，补植进库道路路旁林，水库坝坡除草、水毁土质边坡塌方抢修。高庄坝维修养护包括：坝顶砌筑，埋设进地涵管 2 处，上坝道路路旁林及路边排水沟等。工程于 2019 年 4 月 27 日开工，2020 年 11 月 12 日完工。项目建设单位为平凉市水土保持科学研究所，施工单位为甘肃省鑫辰水利工程有限责任公司、平凉市水利水电工程局、平凉市市政工程建设有限责任公司、平凉市兴畅公路工程有限公司，监理单位为甘肃省科泰工程技术咨询有限责任公司。

竖井及引水渠维修

上坝道路维修

十一、平凉市二沟人饮工程维修改造项目

二沟村人饮工程建成运行 7 年后，由于受地下水位下降、大口井出水不足、设施老化、用水量增大等因素影响，供水工程带病运行，供需矛盾突出，维修改造十分必要。2019 年 5 月，平凉市水务局对该项目作了批复，项目总投资 16.57 万元。主要建设内容为：更换水位控制系统，自动上水红外线液位控制仪 1 台（套）；维修泵房及高位水池护院，房屋防水处理 40 平方米，更换泵房及高位水池护院门 2 副；安装水源地、水源井、高位水池、管理所智能监控站点 10 处，建设局域网 2 组，远程监控中心 1 处。2020 年 1 月 20 日，平凉市水务局组织水管、水建、经财、质安等科室及建设单位负责人组成验收小组，对该项目进行了竣工验收。工程建设单位为平凉市水土保持科学研究所，施工单位为中国铁塔股份有限公司平凉市分公司。

十二、平凉市纸坊沟流域抗洪抢险救援物资采购项目

2019 年 12 月 12 日，平凉市财政局、平凉市应急管理局下达纸坊沟流域三座水库防洪抢险救援物资采购经费 30 万元。建设内容包括防汛抢险救援物资（包括发电机、水泵、应急灯、铁丝、编织袋、水情自动检测仪等 1 970 余件）采购和防汛抢险救援物资储备库维修改造两部分。由于受新冠疫情影响，原定于 2020 年 3 月 15 日前交付货物延迟至 4 月上旬，全部货物运至合同规定地点并完成了安装、调试和培训。2020 年 4 月 23 日，平凉市应急管理局防汛减灾检查小组进行了项目检查验收。工程建设单位为平凉市水土保持科学研究所，招标代理机构为平凉兴源建设工程招标有限公司，物资采购中标单位为平凉市水利物资供销公司，物资储备库维修改造施工单位为平凉市平玉建筑防水工程有限责任公司。

平凉市应急管理局防汛减灾检查小组验收

甘肃省应急厅防汛抗旱处检查

十三、2020 年中央水利发展资金黄土高原塬面保护平凉市三里塬项目

该工程于 2019 年 12 月立项，2020 年 5 月 11 日由平凉市水务局批复，工程总投资 612.18 万元。建设内容为：在三里塬的买家嵯岘沟、堡子沟、富家湾 1 号、富家湾 2 号沟 4 条支毛沟内实施沟头回填工程 4 处，压埋排水管道 339 米，坡面及引排水渠 1 711 米，拱形骨架预制块护坡 8 402 平方米，栽植水保林 8 470 株，坡面种草 6.11 公顷，在姚家湾新建涝池 1 座。该工程于 2020 年 6 月 20 日开工。项目设计单位为甘肃庆东工程设计有限公司，施工单位为平凉市水利水电工程局，监理单位为庆阳天恒工程监理有限公司。

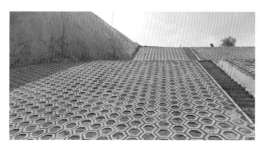 

沟头治理护坡工程

涝池工程　　　　　　　　　　　　抗疏力生态护坡

十四、2020 年度申请落实并下达资金的项目

为深入推进平凉市生态保护与高质量发展，努力为"十四五"项目建设起好步、开好局，2020 年平凉市水土保持科学研究所以纸坊沟流域为基础，抢抓机遇，创新思路，积极向上级部门申请并批复落实了 5 项水利水保建设项目，共计下达资金 504 万元，按计划将在 2021 年开工实施。其中：2021 年中央水利发展资金国家水土保持重点工程平凉马山项目下达中央水利发展资金 200 万元，平凉市 2021 年度八里庙、高庄水库维修养护项目下达资金 145 万元，2021 年水库移民后期扶持项目峡门乡买家村库区生态综合治理工程和柳湖镇土坝村纸坊沟社日光温室工程下达中央水库移民扶持基金 159 万元。这些项目的落地实施，将进一步为平凉中心城区周围水土保持生态建设、三座水库安全运行和科研基地建设奠定良好的基础。

第二节　建设成效

在纸坊沟流域坝系建设的基础上，通过近 20 年来的水库除险加固、山洪灾害治理等建设项目的实施，纸坊沟流域的防洪能力、生态治理、基础设施、科研基地建设等方面都有了明显的提升，取得了良好的经济、社会效益以及生态民生效益，同时为科研课题的开展奠定了一定的基础。

一是防洪抗灾能力进一步增强。通过一批防汛安保项目的实施，使得八里庙水库和纸坊沟水库防洪标准达到了防御 500 年一遇洪水能力，高庄水库防洪标准达到了防御 50 年一遇洪水能力。大力改善了纸坊沟流域山洪灾害防治基础设施条件，有效地保障平凉市东城区 5.4 平方千米内的 40 多家党政机关、学校、医院和 1 800 多个工商企业及近 20 万居民的生命财产安全，对沿岸群众生产、生活和道路出行提供了极大方便，也为改善平凉东城区防汛和促进地方经济发展发挥了重要作用。

二是生态环境进一步改善。60 多年来，纸坊沟流域通过工程措施和生物措施的合理配置，治理水土流失面积 1 301 公顷，治理程度达 86.7%，植被覆盖率 31.5%，有效控制了水土流失，发挥了拦蓄径流、涵养水源等作用，同时也总结了不少经验，取得了坝地高效开发利用、纸坊沟流域输沙特性分析等成果。特别是近两年来，平凉市三里塬塬面保护项

目实施后，纸坊沟及周边三里塬塬面危害严重的 4 条侵蚀支毛沟得到有效治理，保护塬面 17.14 平方千米，增加粮食产量 0.7 万千克，保护耕地 0.35 万亩，直接受益人口达到 8 798 人，每年可拦蓄径流 345.25 万立方米，拦蓄泥沙 20.6 吨，有效控制项目区水土流失，减轻项目区自然灾害，大幅度提高林草覆盖率，提高环境质量，促进生态环境良性循环。通过充分挖掘抗疏力生态型护坡的优势，为黄土高原沟壑区"固沟保塬"提供了新方法和新思路，为加快推进区域生态环境建设，构筑黄河流域和国家西部生态安全屏障提供了技术支撑。

三是科研基础设施进一步完善。通过不断加强纸坊沟流域科研基地基础设施建设，逐步在流域内设立 4 个水文站、5 个自动雨量站和 1 个标准化水蚀监测站点，形成了小流域水文气象观测站网。依托纸坊沟科研基地积极开展了径流泥沙、水文观测及科研课题研究，确保了水保科研工作持续健康开展。

四是惠民增收效益更加显著。平凉市水土保持科学研究所在项目实施中，将服务群众、服务农业、培育产业紧密结合起来，民生效益显著。通过近年来沟道治理工程的实施，依托水保工程及城郊优势，逐步形成了城郊休闲旅游观光区，优化调整了产业发展结构，为当地群众脱贫致富开辟了新途径。通过山洪沟道治理和移民道路建设，进一步改善了当地群众生产、生活和出行的交通条件，促进了当地群众加快小康社会和和谐社会建设步伐。

纸坊沟淤积坝地利用及道路建设

流域群众发展养殖业

流域群众发展农家乐

群众送锦旗

泾川县官山中沟试验流域森林植被茂盛，作为科研试验基地，平凉市水土保持科学研究所从20世纪70年代开始开展了多项自主或合作研究的水土保持科研课题。

第九章　科技咨询与技术服务

20 世纪 80 年代，陇南地区为开展长江流域水土保持工作，各县（区）组织编制长江流域水土保持总体规划。为了做好规划，甘肃省水土保持局组织协调省内水土保持科研单位协助开展规划编制工作。为此，平凉地区水土保持科学研究所派专业技术人员负责帮助文县圆满完成了规划编制任务；到 20 世纪 90 年代末，平凉地区利用世界银行贷款实施水土流失综合治理，为此平凉地区成立了"水土保持世行贷款二期项目办公室"，抽派平凉地区水土保持科学研究所专业技术人员到办公室工作，开展项目前期可行性研究论证，负责完成了多项专题论证以及专题论证报告和总报告的撰写。

进入新世纪新阶段，为了更好地服务于全市及周边地区水土保持生态环境建设和社会经济可持续发展，为水土保持工作提供科技咨询与服务，平凉市水土保持科学研究所发挥自身专业技术优势，与时俱进，开拓创新，开展科技咨询与技术服务工作，自 2003 年开始共完成各类科技咨询与技术服务项目 197 项，不仅为项目建设单位提供了技术支持，还为单位自身建设和科研工作提供了经济上的帮助和支持。

第一节　咨询服务资质

为了按照有关法律法规规定合法合规开展科技咨询与技术服务工作，平凉市水土保持科学研究所于 2003 年申请办理了水土保持方案编制资格证书（乙级）；2004 年注册成立了平凉市水利水保工程技术服务处，先后申请办理了开发建设项目水土保持方案编制资格证书（乙级）和水利水电工程设计资质证书（丙级）；2008 年 9 月与甘肃省水土保持工程咨询监理公司协议注册了平凉分公司，开展水土保持工程技术咨询监理服务（见表9-1-1）。

表 9-1-1　资质证书一览表

单位名称	资质名称	颁证时间	资质等级	发证单位
平凉市水土保持科学研究所	水土保持方案编制	2003 年 7 月	乙级	甘肃省水利厅
平凉市水利水保工程技术服务处	水土保持方案编制	2010 年 6 月	乙级	中国水土保持学会
平凉市水利水保工程技术服务处	水利工程设计	2004 年 12 月	丙级	甘肃省住房和城乡建设厅
甘肃省水土保持工程咨询监理公司平凉分公司	水土保持工程施工监理	2008 年 10 月	甲级	中华人民共和国水利部

　　自开展科技咨询与服务工作以来，所领导班子和广大科技人员克服各种困难，艰苦创业，不断拓宽业务范围，完成科技咨询服务项目共计190余项，涉及开发建设项目水土保持、水土保持生态工程、小流域综合治理方案编制，坝系工程、水利水电工程可研和初步设计，水土保持生态工程监理、监测。

　　平凉市水土保持科学研究所科技咨询与服务工作的有效开展，为平凉市及周边地区的水土保持生态建设提供了有力的技术支撑，同时为单位自身的建设和发展、支持和促进单位水土保持科研事业做出了积极的贡献。

第二节 规划设计

2003 年以来，平凉市水土保持科学研究所开展了小流域坝系工程可行性研究和扩大初步设计、淤地坝除险加固设计、小流域沟道治理工程初步设计、水土保持综合治理工程初步设计、水土保持生态建设规划及综合治理实施方案和开发建设项目水土保持方案编制等（见表 9-2-1~ 表 9-2-9），这些项目的实施在服务地方经济发展、加快全市水土保持治理步伐、改善全市生态环境等方面发挥了积极作用，产生了显著的生态、经济效益和社会效益。

表 9-2-1　小流域坝系工程可行性研究一览表

序号	项目名称	设计单位	建设（委托）单位	审批单位	审批时间
1	泾川县蒋家沟小流域坝系工程可行性研究	平凉市水利水保工程技术服务处	泾川县水土保持局	甘肃省发改委甘肃省水利厅	2008 年
2	灵台县杜家沟小流域坝系工程可行性研究	平凉市水利水保工程技术服务处	灵台县水土保持局	甘肃省发改委甘肃省水利厅	2008 年
3	崆峒区小芦河小流域坝系工程可行性研究	平凉市水利水保工程技术服务处	崆峒区水土保持局	—	—

表 9-2-2　崇信县高寨片小流域坝系工程初步设计一览表

序号	项目名称	设计单位	建设（委托）单位	审批单位	审批时间
1	崇信县高寨小流域坝系工程海下骨干坝扩大初步设计	平凉市水利水保工程技术服务处	崇信县水土保持局	甘肃省水利厅	2007 年
2	崇信县高寨小流域坝系工程茜家洼骨干坝扩大初步设计	平凉市水利水保工程技术服务处	崇信县水土保持局	甘肃省水利厅	2007 年
3	崇信县高寨小流域坝系工程雷家洼骨干坝扩大初步设计	平凉市水利水保工程技术服务处	崇信县水土保持局	甘肃省水利厅	2007 年
4	崇信县高寨小流域坝系工程陶坡旧庄骨干坝扩大初步设计	平凉市水利水保工程技术服务处	崇信县水土保持局	甘肃省水利厅	2007 年
5	崇信县高寨小流域坝系工程马寨沟骨干坝扩大初步设计	平凉市水利水保工程技术服务处	崇信县水土保持局	甘肃省水利厅	2007 年

续表 9-2-2

序号	项目名称	设计单位	建设（委托）单位	审批单位	审批时间
6	崇信县高寨小流域坝系工程杨家沟骨干坝扩大初步设计	平凉市水利水保工程技术服务处	崇信县水土保持局	甘肃省水利厅	2007年
7	崇信县高寨小流域坝系工程前头沟骨干坝扩大初步设计	平凉市水利水保工程技术服务处	崇信县水土保持局	甘肃省水利厅	2007年
8	崇信县高寨小流域坝系工程石嘴子骨干坝扩大初步设计	平凉市水利水保工程技术服务处	崇信县水土保持局	甘肃省水利厅	2007年
9	崇信县高寨小流域坝系工程罗寺湾骨干坝扩大初步设计	平凉市水利水保工程技术服务处	崇信县水土保持局	甘肃省水利厅	2007年
10	崇信县高寨小流域坝系工程散花沟骨干坝扩大初步设计	平凉市水利水保工程技术服务处	崇信县水土保持局	甘肃省水利厅	2007年
11	崇信县高寨小流域坝系工程曹家洼骨干坝扩大初步设计	平凉市水利水保工程技术服务处	崇信县水土保持局	甘肃省水利厅	2007年
12	崇信县高寨小流域坝系工程侯家山中型淤地坝扩大初步设计	平凉市水利水保工程技术服务处	崇信县水土保持局	甘肃省水利厅	2007年
13	崇信县高寨小流域坝系工程后湾中型淤地坝扩大初步设计	平凉市水利水保工程技术服务处	崇信县水土保持局	甘肃省水利厅	2007年
14	崇信县高寨小流域坝系工程漱湿沟中型淤地坝扩大初步设计	平凉市水利水保工程技术服务处	崇信县水土保持局	甘肃省水利厅	2007年
15	崇信县高寨小流域坝系工程白家山中型淤地坝扩大初步设计	平凉市水利水保工程技术服务处	崇信县水土保持局	甘肃省水利厅	2007年
16	崇信县高寨小流域坝系工程张家湾中型淤地坝扩大初步设计	平凉市水利水保工程技术服务处	崇信县水土保持局	甘肃省水利厅	2007年
17	崇信县高寨小流域坝系工程大柴沟中型淤地坝扩大初步设计	平凉市水利水保工程技术服务处	崇信县水土保持局	甘肃省水利厅	2007年
18	崇信县高寨小流域坝系工程张家洼中型淤地坝扩大初步设计	平凉市水利水保工程技术服务处	崇信县水土保持局	甘肃省水利厅	2007年

续表 9-2-2

序号	项目名称	设计单位	建设（委托）单位	审批单位	审批时间
19	崇信县高寨小流域坝系工程庙庄沟中型淤地坝扩大初步设计	平凉市水利水保工程技术服务处	崇信县水土保持局	甘肃省水利厅	2007 年
20	崇信县高寨小流域坝系工程坟湾中型淤地坝扩大初步设计	平凉市水利水保工程技术服务处	崇信县水土保持局	甘肃省水利厅	2007 年
21	崇信县高寨小流域坝系工程黄家上庄中型淤地坝扩大初步设计	平凉市水利水保工程技术服务处	崇信县水土保持局	甘肃省水利厅	2007 年
22	崇信县高寨小流域坝系工程张洼山中型淤地坝扩大初步设计	平凉市水利水保工程技术服务处	崇信县水土保持局	甘肃省水利厅	2007 年
23	崇信县高寨小流域坝系工程刘天沟中型淤地坝扩大初步设计	平凉市水利水保工程技术服务处	崇信县水土保持局	甘肃省水利厅	2007 年
24	崇信县高寨小流域坝系工程段家洼中型淤地坝扩大初步设计	平凉市水利水保工程技术服务处	崇信县水土保持局	甘肃省水利厅	2007 年
25	崇信县高寨小流域坝系工程柳家沟小型淤地坝扩大初步设计	平凉市水利水保工程技术服务处	崇信县水土保持局	甘肃省水利厅	2007 年
26	崇信县高寨小流域坝系工程范家沟小型淤地坝扩大初步设计	平凉市水利水保工程技术服务处	崇信县水土保持局	甘肃省水利厅	2007 年
27	崇信县高寨小流域坝系工程杨安山沟小型淤地坝扩大初步设计	平凉市水利水保工程技术服务处	崇信县水土保持局	甘肃省水利厅	2007 年
28	崇信县高寨小流域坝系工程赵家湾小型淤地坝扩大初步设计	平凉市水利水保工程技术服务处	崇信县水土保持局	甘肃省水利厅	2007 年
29	崇信县高寨小流域坝系工程刘家腰岘小型淤地坝扩大初步设计	平凉市水利水保工程技术服务处	崇信县水土保持局	甘肃省水利厅	2007 年
30	崇信县高寨小流域坝系工程旧庄沟小型淤地坝扩大初步设计	平凉市水利水保工程技术服务处	崇信县水土保持局	甘肃省水利厅	2007 年
31	崇信县高寨小流域坝系配套综合治理措施初步设计	平凉市水利水保工程技术服务处	崇信县水土保持局	甘肃省水利厅	2007 年

表 9-2-3　灵台县杜家沟小流域坝系工程初步设计一览表

序号	项目名称	设计单位	建设（委托）单位	审批单位	审批时间
1	灵台县杜家沟小流域坝系工程赵家坡骨干坝扩大初步设计	平凉市水利水保工程技术服务处	灵台县水土保持局	平凉市水务局 平凉市发改委	2008 年
2	灵台县杜家沟小流域坝系工程后坡山骨干坝扩大初步设计	平凉市水利水保工程技术服务处	灵台县水土保持局	平凉市水务局 平凉市发改委	2008 年
3	灵台县杜家沟小流域坝系工程黄家沟骨干坝扩大初步设计	平凉市水利水保工程技术服务处	灵台县水土保持局	平凉市水务局 平凉市发改委	2008 年
4	灵台县杜家沟小流域坝系工程崔家店骨干坝扩大初步设计	平凉市水利水保工程技术服务处	灵台县水土保持局	平凉市水务局 平凉市发改委	2008 年
5	灵台县杜家沟小流域坝系工程景家骨干坝扩大初步设计	平凉市水利水保工程技术服务处	灵台县水土保持局	平凉市水务局 平凉市发改委	2008 年
6	灵台县杜家沟小流域坝系工程东沟中型坝扩大初步设计	平凉市水利水保工程技术服务处	灵台县水土保持局	平凉市水务局 平凉市发改委	2008 年
7	灵台县杜家沟小流域坝系工程沟底中型坝扩大初步设计	平凉市水利水保工程技术服务处	灵台县水土保持局	平凉市水务局 平凉市发改委	2008 年
8	灵台县杜家沟小流域坝系工程祁家洼中型坝扩大初步设计	平凉市水利水保工程技术服务处	灵台县水土保持局	平凉市水务局 平凉市发改委	2008 年
9	灵台县杜家沟小流域坝系工程老庄中型坝扩大初步设计	平凉市水利水保工程技术服务处	灵台县水土保持局	平凉市水务局 平凉市发改委	2008 年
10	灵台县杜家沟小流域坝系工程苏家山中型坝扩大初步设计	平凉市水利水保工程技术服务处	灵台县水土保持局	平凉市水务局 平凉市发改委	2008 年
11	灵台县杜家沟小流域坝系工程周家坪中型坝扩大初步设计	平凉市水利水保工程技术服务处	灵台县水土保持局	平凉市水务局 平凉市发改委	2008 年

表 9-2-4　水库及淤地坝除险加固工程设计一览表

序号	项目名称	设计单位	建设（委托）单位	审批单位	审批时间
1	崇信县海子沟骨干坝除险加固工程设计	平凉市水利水保工程技术服务处	崇信县水土保持局		2009 年
2	崇信县大柴沟中型淤地坝除险加固工程设计	平凉市水利水保工程技术服务处	崇信县水土保持局		2009 年
3	崇信县坟湾中型淤地坝除险加固工程设计	平凉市水利水保工程技术服务处	崇信县水土保持局		2009 年
4	灵台县景家沟骨干坝除险加固工程设计	平凉市水利水保工程技术服务处	灵台县水土保持局	甘肃省水保局	2012 年
5	灵台县赵家坡骨干坝除险加固工程设计	平凉市水利水保工程技术服务处	灵台县水土保持局	甘肃省水保局	2012 年
6	泾川县田家沟 1 号骨干坝除险加固工程初步设计	平凉市水利水保工程技术服务处	泾川县水土保持局		
7	泾川县田家沟 2 号骨干坝除险加固工程初步设计	平凉市水利水保工程技术服务处	泾川县水土保持局		
8	静宁王湾水库除险加固工程初步设计	平凉市水利水电勘测设计院	静宁县水务局	甘肃省水利厅	2004 年
9	华亭小川水库除险加固工程初步设计	平凉市水利水电勘测设计院	华亭县水务局	甘肃省水利厅	2004 年
10	纸坊沟水库除险加固工程初步设计	平凉市水利水保工程技术服务处 平凉市水利水电勘测设计院	平凉市水土保持科学研究所	甘肃省水利厅	2010 年
11	灵台县万宝川水库除险加固工程初步设计	平凉市水利水保工程技术服务处	灵台县水保局		
12	平凉市纸坊沟流域坝系近期建设规划	平凉市水利水保工程技术服务处	平凉市水土保持科学研究所		
13	平凉市八里庙水库移民后期扶持项目水库库区道路庙沟段改建工程扩大初步设计	平凉市水利水保工程技术服务处	平凉市水土保持科学研究所		
14	平凉市八里庙水库移民后期扶持项目二沟村人畜饮水工程扩大初步设计	平凉市水利水保工程技术服务处	平凉市水土保持科学研究所	平凉市水务局	2012 年

续表 9-2-4

序号	项目名称	设计单位	建设（委托）单位	审批单位	审批时间
15	静宁县牛站沟Ⅰ号骨干坝除险加固工程初步设计	平凉市水利水保工程技术服务处	静宁县水保局	甘肃省水保局	2012 年
16	静宁县牛站沟Ⅰ号骨干坝除险加固工程扩大初步设计	平凉市水利水保工程技术服务处	静宁县水保局		
17	平凉市高庄中型淤地坝除险加固工程初步设计	平凉市水利水保工程技术服务处	平凉市水土保持科学研究所	甘肃省水保局	2012 年
18	环县乔儿沟水库除险加固工程初步设计	庆阳市水利勘测规划设计院、平凉市水利水保工程技术服务处	环县水务局	甘肃省水利厅	2004 年
19	庆城县冉河川水库除险加固工程初步设计	庆阳市水利勘测规划设计院、平凉市水利水保工程技术服务处	庆城县水务局	甘肃省水利厅	2006 年
20	华池县鸭子咀水库除险加固工程初步设计	庆阳市水利勘测规划设计院、平凉市水利水保工程技术服务处	华池县水务局	甘肃省水利厅	2006 年

表 9-2-5　山洪沟道及河堤治理工程初步设计一览表

序号	项目名称	设计单位	建设（委托）单位	审批时间
1	平凉市八里庙水库移民后期扶持项目二沟村人畜饮水工程扩大初步设计	平凉市水利水保工程技术服务处	平凉市水土保持科学研究所	2011 年
2	平凉市纸坊沟流域廖家庄骨干坝扩大初步设计	平凉市水土保持科学研究所	平凉市水土保持科学研究所	2003 年
3	灵台县东沟景观水库初步设计	平凉市水利水保工程技术服务处	灵台县水土保持局	
4	灵台县大华沟生态景观湖工程	平凉市水利水保工程技术服务处	灵台县百里林场	
5	泾河平凉城区段（崆峒电站至香水河交汇口）河堤治理工程初步设计	平凉市水利水保工程技术服务处	平凉市水务局	2011 年
6	华亭县西华沟流域山洪沟道治理工程初步设计	平凉市水利勘测规划设计院、平凉市水利水保工程技术服务处	华亭县水务局	2014

表 9-2-6　小流域综合治理项目初步设计一览表

序号	项目名称	设计单位	建设（委托）单位	审批单位	审批时间
1	水土保持生态工程葫芦河流域甘肃省平凉项目区庄浪县大庄沟流域综合治理初步设计	平凉市水利水保工程技术服务处	平凉市水保局		
2	水土保持生态工程葫芦河流域甘肃省平凉项目区庄浪县石河沟流域综合治理初步设计	平凉市水利水保工程技术服务处	平凉市水保局		
3	水土保持生态工程葫芦河流域甘肃省平凉项目区庄浪县石门沟流域综合治理初步设计	平凉市水利水保工程技术服务处	平凉市水保局		
4	水土保持生态工程葫芦河流域甘肃省平凉项目区庄浪县阳川沟流域综合治理初步设计	平凉市水利水保工程技术服务处	平凉市水保局		
5	水土保持生态工程葫芦河流域甘肃省平凉项目区静宁县李家河流域综合治理初步设计	平凉市水利水保工程技术服务处	平凉市水保局		
6	水土保持生态工程葫芦河流域甘肃省平凉项目区静宁县贾家河流域综合治理初步设计	平凉市水利水保工程技术服务处	平凉市水保局		
7	水土保持生态工程葫芦河流域甘肃省平凉项目区静宁县田李岔流域综合治理初步设计	平凉市水利水保工程技术服务处	平凉市水保局		
8	水土保持生态工程葫芦河流域甘肃省平凉项目区静宁县安乐沟流域综合治理初步设计	平凉市水利水保工程技术服务处	平凉市水保局		
9	水土保持生态工程葫芦河流域甘肃省平凉项目区综合治理初步设计	平凉市水利水保工程技术服务处	平凉市水保局	甘肃省水利厅	〔2008〕265号
10	甘肃省灵台县县城西沟小流域水土保持综合治理初步设计	平凉市水利水保工程技术服务处	灵台县水保局		

表 9-2-7　水土保持工程规划设计一览表

序号	项目名称	设计单位	建设（委托）单位	审批单位
1	甘肃省平凉市泾川县农业综合开发 2011 年高平镇中低产田改造项目初步设计	平凉市水利水保工程技术服务处	泾川县农业综合开发办	甘肃省农业综合开发办公室
2	甘肃省灵台县农业综合开发 2012 年星火中低产田改造项目初步设计	平凉市水利水保工程技术服务处	灵台县农业综合开发办	甘肃省农业综合开发办公室
3	泾川县农业综合开发 2011 年高平镇中低产田改造项目初步设计	平凉市水利水保工程技术服务处	泾川县水保局	
4	甘肃省平凉市 2013 年静宁县李店镇古城乡高标准农田示范工程项目初步设计	平凉市水利水保工程技术服务处	静宁县农业综合开发办公室	甘肃省农业综合开发办公室
5	甘肃省崇信县农业综合开发 2012 年黄花高标准农田建设示范项目初步设计	平凉市水利水保工程技术服务处	崇信县农业综合开发办	甘肃省农业综合开发办公室
6	甘肃省平凉市 2013 年崇信县柏树乡高标准农田建设示范工程项目初步设计	平凉市水利水保工程技术服务处	崇信县农业综合开发办	甘肃省农业综合开发办公室
7	庄浪县 2011 年南坪乡自然灾害损毁工程修复项目初步设计	平凉市水利水保工程技术服务处	庄浪县水保局	
8	甘肃省庄浪农业综合开发 2011 年朱店镇大庄中低产田改造可研设计	平凉市水利水保工程技术服务处	庄浪县农业综合开发办	甘肃省农业综合开发办公室
9	甘肃省庄浪农业综合开发 2011 年朱店镇大庄乡中低产田改造初步设计	平凉市水利水保工程技术服务处	庄浪县农业综合开发办	甘肃省农业综合开发办公室
10	甘肃省崇信县农业综合开发 2012 年崇信县黄花乡高标准农田建设示范项目可研	平凉市水利水保工程技术服务处	崇信县农业综合开发办	甘肃省农业综合开发办公室
11	甘肃省静宁县农业综合开发 2012 年古城乡、界石铺镇中低产田改造项目可研设计	平凉市水利水保工程技术服务处	静宁县水务局	
12	利用世界银行贷款可持续发展农业项目甘肃省灵台县项目建议书	平凉市水利水保工程技术服务处	灵台县农业综合开发办公室	
13	华亭县策底镇红旗川高效农业示范区发展规划	平凉市水利水保工程技术服务处	华亭县策底镇人民政府、华亭县新农村建设工作领导小组	

表 9-2-8　水土保持综合治理工程实施方案一览表

序号	项目名称	设计单位	建设（委托）单位	审批机关及文号
1	庄浪县项目区民乐沟小流域综合治理工程建设实施方案	平凉市水利水保工程技术服务处	庄浪县水保局	
2	庄浪县项目区连王沟小流域综合治理工程建设实施方案	平凉市水利水保工程技术服务处	庄浪县水保局	
3	国家坡耕地水土流失综合治理试点工程甘肃省静宁县2010年实施方案	平凉市水利水保工程技术服务处	静宁县水保局	
4	庄浪县民乐河项目区综合治理工程建设实施方案	平凉市水利水保工程技术服务处	庄浪县水保局	甘肃省水利厅〔2009〕74号
5	庄浪县项目区张余沟小流域综合治理工程建设实施方案	平凉市水利水保工程技术服务处	庄浪县水保局	
6	庄浪县项目区刘家湾小流域综合治理工程建设实施方案	平凉市水利水保工程技术服务处	庄浪县水保局	
7	庄浪县项目区民乐沟小流域综合治理工程建设实施方案	平凉市水利水保工程技术服务处	庄浪县水保局	
8	静宁县李店河项目区小庄沟小流域综合治理工程建设实施方案	平凉市水利水保工程技术服务处	静宁县水保局	
9	静宁县李店河项目区侯家河小流域综合治理工程建设实施方案	平凉市水利水保工程技术服务处	静宁县水保局	
10	静宁县李店河项目区老庙沟小流域综合治理工程建设实施方案	平凉市水利水保工程技术服务处	静宁县水保局	
11	静宁县李店河项目区李店河小流域综合治理工程建设实施方案	平凉市水利水保工程技术服务处	静宁县水保局	
12	庄浪县项目区连王沟小流域综合治理工程建设实施方案	平凉市水利水保工程技术服务处	庄浪县水保局	
13	国家坡耕地水土流失综合治理试点工程甘肃省静宁县2010年实施方案	平凉市水利水保工程技术服务处	静宁县水保局	
14	国家坡耕地水土流失综合治理试点工程甘肃省崆峒区西阳项目区2011年实施方案	平凉市水利水保工程技术服务处	崆峒区水保局	甘肃省水利厅
15	静宁县坡耕地水土流失综合治理试点项目2010年实施方案	平凉市水利水保工程技术服务处	静宁县水保局	
16	全国坡耕地水土流失综合治理试点工程平凉市崆峒区西阳项目区2013年实施方案	平凉市水利水保工程技术服务处	灵台县农业综合开发办	甘肃省农业综合开发办公室

续表 9-2-8

序号	项目名称	设计单位	建设（委托）单位	审批机关及文号
17	静宁县 2010 年重点退耕还林地区中央预算内投资基本口粮田建设项目实施方案	平凉市水利水保工程技术服务处	静宁县发改局	
18	平凉市静宁县 2011 年度巩固退耕还林成果基本口粮田建设项目实施方案	平凉市水利水保工程技术服务处	静宁县水保局	
19	平凉市静宁县 2010 年度巩固退耕还林成果基本口粮田建设项目实施方案	平凉市水利水保工程技术服务处	静宁县水保局	
20	甘肃省平凉市崆峒区 2011 年重点退耕还林地区基本口粮田中央预算内投资项目实施方案	平凉市水利水保工程技术服务处	崆峒区水保局	
21	庄浪县民乐河项目区综合治理工程建设实施方案	平凉市水利水保工程技术服务处	庄浪县水保局	甘肃省水利厅〔2009〕74 号
22	庄浪县项目区张余沟小流域综合治理工程建设实施方案	平凉市水利水保工程技术服务处	庄浪县水保局	
23	庄浪县项目区刘家湾小流域综合治理工程建设实施方案	平凉市水利水保工程技术服务处	庄浪县水保局	
24	庄浪县 2010 年重点退耕还林地区中央预算内投资基本口粮田建设项目实施方案	平凉市水利水保工程技术服务处	庄浪县水保局	

表 9-2-9 开发建设项目水土保持方案报告书编制一览表

序号	项目名称	委托编制单位	编制单位	编制时间	审批机关及文号
1	甘肃省华亭电厂储灰场水土保持方案	甘肃省华亭电厂	平凉市水土保持科学研究所	2003 年 9 月	
2	甘肃华亭煤电股份有限公司华亭煤矿倒渣场水土保持方案	甘肃华亭煤电股份有限公司	平凉市水土保持科学研究所	2004 年 8 月	
3	太西煤集团民勤实业有限公司民勤县红沙岗 420 万吨/年煤矿矿井建设水土保持方案	太西煤集团民勤实业有限公司	黄河水利委员会西峰水土保持科学试验站、西峰黄河水土保持规划设计院、平凉市水利水保工程技术服务处	2005 年 9 月	水利部水土保持监测中心

续表 9-2-9

序号	项目名称	委托编制单位	编制单位	编制时间	审批机关及文号
4	华亭县石堡子水库建设项目水土保持方案	华亭中煦煤化工有限责任公司	平凉市水土保持科学研究所、平凉市水利水保工程技术服务处	2005 年 12 月	甘肃水利厅水土保持局
5	华亭中煦煤化工有限责任公司 60 万吨／年甲醇项目水土保持方案	华亭中煦煤化工有限责任公司	西峰黄河水土保持规划设计院、平凉市水利水保工程技术服务处	2006 年 8 月	甘肃水利厅水土保持局 甘水利水保〔2006〕121 号
6	甘肃华星煤业有限公司煤矿水土保持方案	甘肃华星煤业有限公司煤矿	平凉市水利水保工程技术服务处	2011 年 8 月	平凉市水土保持局
7	甘肃华星煤业有限公司（45 万吨／年）煤矿改扩建工程水土保持方案	甘肃华星煤业有限公司煤矿	平凉市水利水保工程技术服务处	2011 年 9 月	平凉市水土保持局
8	甘肃陇能能源化工有限公司平凉煤炭深加工循环利用项目水土保持方案	甘肃陇能能源化工有限公司	平凉市水利水保工程技术服务处	2013 年 9 月	甘肃省水利厅水土保持局 甘水利水保发〔2013〕159 号
9	新建铁路华煤集团神峪河至邵寨矿区专用铁路神峪河至赤城段水土保持方案	甘肃华亭煤业集团有限责任公司	平凉市水利水保工程技术服务处	2014 年 11 月	甘肃省水利厅水土保持局

第三节　监理监测

为适应建立社会主义市场经济体制的需要，使项目建设管理逐步走上法制化、规范化的道路，保证项目建设的工期、质量、安全和投资效益，国家对建设项目实行"项目法人制、招标投标制和监理制"的"三制"管理和监测。平凉市水土保持科学研究所积极适应新形势新需要，利用单位自身的技术优势为水土保持及相关生态建设项目法人单位提供项目建设监理监测服务（见表 9-3-1、表 9-3-2）。监理监测服务工作的开展，不仅为项目建设单位提供了项目建设管理服务，也提高了项目建设质量和投资效益。

表 9-3-1　监理项目一览表

序号	项目名称	合同期限	工作完成情况	建设单位
1	华亭中煦公司60万吨/年甲醇项目水保方案施工监理	2007—2011	完成监理任务并验收	华亭中煦煤化工有限责任公司
2	华亭中煦公司石堡子水库项目水保方案施工监理	2007—2011	完成监理任务并验收	华亭中煦煤化工有限责任公司
3	水土保持生态工程葫芦河流域平凉项目庄浪项目区	2008—2009	完成监理任务并验收	平凉市水保局
4	水土保持生态工程葫芦河流域平凉项目静宁项目区	2008—2009	完成监理任务并验收	平凉市水保局
5	崆峒区2008年度巩固退耕还林成果基本口粮田项目	2009年	完成监理任务并验收	崆峒区水保局
6	泾川县2008年度巩固退耕还林成果基本口粮田项目	2009年	完成监理任务并验收	泾川县水保局
7	灵台县2008年度巩固退耕还林成果基本口粮田项目	2009年	完成监理任务并验收	灵台县水保局
8	崇信县2008年度巩固退耕还林成果基本口粮田项目	2009年	完成监理任务并验收	崇信县水保局
9	静宁县2008年度巩固退耕还林成果基本口粮田项目	2009年	完成监理任务并验收	静宁县水保局
10	庄浪县2008年度巩固退耕还林成果基本口粮田项目	2009年	完成监理任务并验收	庄浪县水保局
11	泾川县2009年重点退耕还林地区基本口粮田建设项目	2009年9—12月	完成监理任务并验收	泾川县水保局
12	泾川县朱家涧项目区水土流失综合治理梯田建设项目	2009年10—12月	完成监理任务并验收	泾川县水保局
13	崇信县2009年度巩固退耕还林成果基本口粮田项目	2009年	完成监理任务并验收	崇信县水保局
14	静宁县2009年度巩固退耕还林成果基本口粮田项目	2009年	完成监理任务并验收	静宁县水保局
15	崆峒区2009年度巩固退耕还林成果基本口粮田项目	2010年	完成监理任务并验收	崆峒区水保局
16	泾川县2009年度巩固退耕还林成果基本口粮田项目	2010年	完成监理任务并验收	泾川县水保局
17	庄浪县2009年度巩固退耕还林成果基本口粮田项目	2010年	完成监理任务并验收	庄浪县水保局
18	崆峒区2010年重点退耕还林地区基本口粮田建设项目	2010年	完成监理任务并验收	崆峒区水保局
19	庄浪县2010年重点退耕还林地区基本口粮田建设项目	2010年	完成监理任务并验收	庄浪县水保局

续表 9-3-1

序号	项目名称	合同期限	工作完成情况	建设单位
20	静宁县威戎葫芦河滩涂开发整理项目	2010年	完成监理任务并验收	静宁县国土资源局
21	全国坡耕地水土流失综合治理项目2010年静宁县项目	2010年	完成监理任务并验收	静宁县水保局
22	泾川县2010年水保综合治理项目	2010年	完成监理任务并验收	泾川县水保局
23	泾川县2010年梯田建设工程	2010年	完成监理任务并验收	泾川县水保局
24	泾川县党原乡完颜村、窑店乡西门村基本口粮田坡改梯工程	2010年	完成监理任务并验收	泾川县水保局
25	泾川县2010年度巩固退耕还林成果基本口粮田项目	2011年	完成监理任务并验收	泾川县水保局
26	崇信县2010年度巩固退耕还林成果基本口粮田项目	2011年	完成监理任务并验收	崇信县水保局
27	崆峒区2010年巩固退耕还林成果基本口粮田项目	2011年	完成监理任务并验收	崆峒区水保局
28	静宁县2010年度巩固退耕还林成果基本口粮田项目	2011年	完成监理任务并验收	静宁县水保局
29	庄浪县2010年度巩固退耕还林成果基本口粮田项目	2011年	完成监理任务并验收	庄浪县水保局
30	华亭县2010年度巩固退耕还林成果基本口粮田项目	2011年	完成监理任务并验收	华亭县水保局
31	灵台县2010年度巩固退耕还林成果基本口粮田项目	2011年	完成监理任务并验收	灵台县水保局
32	全国坡耕地水土流失综合治理试点工程2011年静宁县嘴头项目	2011年	完成监理任务并验收	静宁县水保局
33	全国坡耕地水土流失综合治理试点工程静宁县古城乡上程村、盘安乡王沟村土地整理项目	2011年	完成监理任务并验收	静宁县国土资源局
34	灵台县2011年重点退耕还林地区基本口粮田建设项目	2011年	完成监理任务并验收	灵台县水保局
35	泾川县泾河川区王村镇基本农田整理项目	2011年	完成监理任务并验收	泾川县国土资源局
36	泾川县太平等2乡灾毁耕地复垦整理项目	2011年	完成年度监理任务	泾川县国土资源局
37	静宁县城川乡滩涂开发整理项目	2011年	完成监理任务并验收	静宁县国土资源局
38	静宁县灵芝乡高义村土地整理项目	2011年	完成监理任务并验收	静宁县国土资源局

续表 9-3-1

序号	项目名称	合同期限	工作完成情况	建设单位
39	泾川县 2011 年水土保持综合治理项目	2011 年	完成监理任务并验收	泾川县水保局
40	甘肃省 2011 年中央预算内投资水土保持工程崇信县梯田建设工程	2011 年	完成监理任务并验收	崇信县水保局
41	甘肃省 2011 年中央预算内投资水土保持工程灵台县梯田建设工程	2011 年	完成监理任务并验收	灵台县水保局
42	庄浪县 2011 年巩固退耕还林成果基本口粮田项目	2012 年	完成监理任务并验收	庄浪县水保局
43	静宁县 2011 年巩固退耕还林成果基本口粮田项目	2012 年	完成监理任务并验收	静宁县水保局
44	崇信县 2011 年巩固退耕还林成果基本口粮田项目	2012 年	完成监理任务并验收	崇信县水保局
45	崆峒区 2011 年巩固退耕还林成果基本口粮田项目	2012 年	完成监理任务并验收	崆峒区水保局
46	灵台县 2011 年巩固退耕还林成果基本口粮田项目	2012 年	完成监理任务并验收	灵台县水保局
47	华亭县 2011 年巩固退耕还林成果基本口粮田项目	2012 年	完成监理任务并验收	华亭县水保局
48	泾川县 2011 年巩固退耕还林成果基本口粮田项目	2012 年	完成监理任务并验收	泾川县水保局
49	静宁县界石铺镇继红等 3 村高标准基本农田建设项目	2012 年	完成监理任务并验收	静宁县国土资源局
50	静宁县新店乡秦王村土地整理开发项目	2012 年	完成监理任务并验收	静宁县国土资源局
51	静宁县原安乡土地整理项目	2012 年	完成监理任务并验收	静宁县国土资源局
52	泾川县太平王村 2 乡镇基本农田整理项目	2012 年	完成监理任务并验收	泾川县国土资源局
53	全国坡耕地水土流失综合治理试点工程 2012 年静宁县陈马项目	2012 年	完成监理任务并验收	静宁县水保局
54	330 千伏灵台输变电工程水土保持工程施工监理项目	2012—2013 年	完成监理任务并验收	甘肃省电力公司天水超高压输变电公司
55	崇信县百贯沟煤业有限公司 60 万吨／年新建工程水土保持施工监理	2012 年	完成监理任务并验收	崇信县百贯沟煤业有限公司
56	崆峒区 2012 年巩固退耕还林成果基本口粮田项目	2013 年	完成监理任务并验收	崆峒区水保局

续表 9-3-1

序号	项目名称	合同期限	工作完成情况	建设单位
57	灵台县 2012 年巩固退耕还林成果基本口粮田项目	2013 年	完成监理任务并验收	灵台县水保局
58	庄浪县 2012 年巩固退耕还林成果基本口粮田项目	2013 年	完成监理任务并验收	庄浪县水保局
59	静宁县 2012 年巩固退耕还林成果基本口粮田项目	2013 年	完成监理任务并验收	静宁县水保局
60	崇信县 2012 年巩固退耕还林成果基本口粮田项目	2013 年	完成监理任务并验收	崇信县水保局
61	全国坡耕地水土流失综合治理试点工程 2013 年静宁县王咀项目	2013 年	完成监理任务并验收	静宁县水保局
62	全国坡耕地水土流失综合治理试点工程 2013 年崆峒区西阳项目	2013 年	完成监理任务并验收	崆峒区水保局
63	静宁县界石铺镇新河、上河两村高标准基本农田建设项目	2013 年	完成监理任务并验收	静宁县国土资源局
64	泾川县玉都、党原两乡镇高标准基本农田建设项目	2013 年	完成监理任务并验收	泾川县国土资源局
65	静宁县李店镇城川乡高标准基本农田建设项目	2013 年	完成监理任务并验收	静宁县国土资源局
66	静宁县新河上河两村土地整理开发项目	2013 年	完成监理任务并验收	静宁县国土资源局

表 9-3-2 开发建设项目水土保持监测项目一览表

序号	项目名称	时间	委托单位
1	水土保持生态工程葫芦河流域甘肃省平凉项目区水土保持监测项目	2008 年 8 月	平凉市水保局
2	330 千伏灵台输变电工程水土保持工程施工监测项目	2012 年 4 月	天水超高压输变电工程公司

庄浪县实现梯田化后开展后续产业开发，在榆林沟流域实施了水土保持淤地坝建设工程，以坝代路、蓄积泥沙径流，一汪清水孕育出无限生机。

附录一　回忆录

在水保站工作回忆录

杨永立

我是 1954 年 7 月从黄河水利学校三年制水工建筑专业毕业后，由黄河水利委员会分配到新成立的平凉水土保持工作推广站工作的，第一次工作是分到纸坊沟大型留淤土坝（简称一坝）工地，跟随老同志施工，一坝于 1955 年 5 月完成后，留下我、刘清泰等十余人进行工程管理和纸坊沟径流泥沙测验研究工作。到第三年，其他同志调回水利局另有重任，纸坊沟由我接任主持工作，直到 1968 年才陆续进来一批技术人员，接任我的工作后，又增加了新的科研项目，后经过吴位敏等同志分析计算，加入后续资料，分别编写成册，印刷成正规资料上报。本人参与完成的"纸坊沟流域径流泥沙资料整编"获得地区科技进步一等奖，参与完成的"纸坊沟流域坝系建设及效益研究"成果获省水利厅 1990 年水利科技进步二等奖。

从 1954 年到 1968 年这 15 年中，我主要从事了以下几项工作。

一、纸坊沟大型留淤土坝初建

我们一行 5 名黄河水利学校毕业的同学 8 月初由西北黄河工程局分配到平凉水土保持工作推广站报到后，站长刘润田对我们说："你们先到纸坊沟大型土坝参加施工吧！那里是黄河水利委员会选定的重点治理试验区，也是平凉市区重点治理洪水灾害的重点区，站上已先派雷玉堂为首的一批同志在工地开展施工工作，那里正缺少技术人员。"到工地后，雷玉堂向我们介绍情况说，纸坊沟大型土坝是黄河水利委员会选的重点实验工程，前期已进行勘测规划设计，根据设计，集水面积 19.24 平方千米，主沟穿过平凉市区向北汇入泾河，据历史记载曾多次发生洪水，危害市区人民商店的安全，要把安全放在首位。所以，一期坝高 24 米，是当时西北五省最大的留淤土坝，平凉专区专署组织成立工程指挥部，由专署专员张可夫任工程总指挥，并由黄河水利委员会和西北黄河工程局各派几名水利专家参加指导，主要有孙康琦、杨彦彪等 6 人。水保站全力以赴参加施工工作，一切均按当时水库的正规要求施工，我也热情地工作。据说，有一次在指挥部会上专署专员张可夫向雷玉堂开玩笑说："如果水库出了问题，你我两人就把头留下！"所以我们下属也深知责任重大。我来时清基已大部分完成，接着铺坝下反滤层和回填土，我做的是分片检验质量、收方、放线等工作。同时开工的还有洩（同"泄"）水洞、溢洪道。施工人员最高达2 000多人，干部、工人、民工分两班倒，每班上12个小时，无节假日，直到次年5月完工。当年就迎汛蓄水，以后历经多年的蓄水、排洪等均未出现任何问题。目前水库仍继续运行。

二、纸坊沟流域测验研究工作

一坝于1955年5月完工后，留下刘清泰、侯赋承、张杰仁、王焕堂和我等几名水保站同志进行测验研究工作。主要内容如下。

一坝建筑物及进出水量泥沙研究：

（1）土坝坝身，设有沉降、位移、浸润线、坝后渗水观测等。

（2）进出库水量泥沙测验研究，设有进库站、出库站，分别在洩水洞、溢洪道上出口设有水尺，坝的迎水坡上设一组水尺，水库中心设有漂浮式T.T.N300型水面蒸发皿，坝侧设气象园一座，坝以上汇水面积内均匀分布6个雨量站，以上各项均按当时的水文站、气象站的要求规范执行。水库内淤积也按测量规范执行。

直到1968年我调出水保站。以后水保站又投入大量人员及设备，进行了大量工作。20世纪80年代初，以吴位敏为首的几位同行对纸坊沟1982年以前的测验资料进行分析计算，汇编成册，刊印出版，此成果是对以前工作的肯定，对以后开展水土保持治理工作有很高的参考价值。

20世纪80年代后期，由地区水利局总工雷玉堂组织已离开水保站的蒋心肇和我，分别写出在坝系建设中的成果，再加上仍在水保所工作的范钦武、梁文辉、武永昌、白小丽等分别或合写出的成果，由雷玉堂总工汇编成册，由省水利厅评审为1990年省水利科技进步二等奖。成果报告约25万字。

三、纸坊沟一坝加高

一坝在1955年5月竣工后，当年就拦洪蓄水，到1960年后经实测淤泥面已到17米高，不足以拦蓄百年一遇洪水了。由于一坝在1953年规划设计时缺少当地实测资料，原设计8年的使用期6年就淤满了，于是加高坝身，扩改建洩洪建筑物成了紧迫的问题，从 1961 年起到 1965 年止分二次加高坝，陆续扩改建溢洪道及洩水洞，由地区水利局领导，平凉县水利局和水保站负责施工。我是负责具体勘测、设计、施工的主要技术人员。值得一提的是，坝身是由库内淤泥面上向上填土，这是大胆的创新，比从坝背水坡加高减少了近 80% 土方量，当然也大量节约了人力、物力。从坝高 24 米加高到 29.2 米，一次成功。经过 50 多年的运行，从未出现过问题。这主要与有关各级党政领导的重视和支持，以雷玉堂为首的科技人员的多次现场调查论证、细心制订革新的施工方案是分不开的。我是主要的参与者和实施者。

四、二坝建设

一坝二次加高 5.2 米后，场地再无适宜加高的余地了，为了从平凉市区的长远防洪考虑，也为了树立纸坊沟全面高质量的治理典型，在一坝上游选二坝、三坝等骨干坝址，经多次考察比较，由地区水保局长李平安率雷玉堂、朱发春、文训其等人及水保站的我和有关人员参加，现场定案二坝，选在一坝上游 4.1 千米处的八里庙为二坝坝址，并提出为了简化施工难度并节省资金，改惯例洩水洞由开山打隧道为坝下预埋涵洞，这也是试验性的规划设计，打破常规，把坝下隧洞的型式又向前推进一步，为了防止出现洞基不均匀沉陷、沿洞外围库水绕渗、回填土压力损伤洞身等问题，现场会决定采取以下措施：

（1）洞线尽量选在砂砾石沉积层土。

（2）洞身选为受压较好的马蹄形，下设反拱，洞顶用块石砌成窑洞形，洞身选用水泥砂浆砌料石。

（3）洞身每 10 米设防绕渗齿墙一道。

（4）沉陷缝每 10 米设一道，遇地质变化处加设一道，沉陷缝与防渗齿墙结合在一起实施。

整体工程由水保站负责，我分担其中勘测、设计、施工中的技术工作，由地区水保局报专署批准后，于 1966 年 3 月开工，当年蓄洪，1967 年 7 月全面完成。二坝是按大型淤地坝设计的，20 年一遇洪水设计，200 年一遇洪水校核，坝高 25.3 米，坝顶 2 米以下总库容 105 万立方米，预留死库容 48.4 万立方米，按正规水库标准施工，一期寿命 8 年，以后再根据实际情况加高坝身及改扩建洩水建筑物。

二坝建成后，经多年观察，竖井跌塘与横洞接头处的沉降缝有5厘米的沉降，第二个沉降缝是黄土与砂砾石地质交接处有约2厘米的沉降处，砂砾石层上洞身无变化，整个洞身完整无损，结论是成功的，这次试验的成功，为以后大、中型淤地坝建设中的隧洞问题解决开了先河，又向前推进了一步。

五、二坝第一期加高

二坝于1967年7月建成后到1974年已运用了8年，原预留的拦泥库容已基本淤满，坝前泥面已15米深，当时的地区水电局决定由水保站负责实施加高扩改建工程，由于水保站刚恢复工作，正缺少人手，我正参加崆峒水库施工无法离开，由当时的水保站站长孙作德与地区水电局副局长兼崆峒水库副总指挥的高挺商议决定，由我在崆峒水库施工中，利用工余时间加班设计纸坊沟二坝的加高，我欣然接受，并努力完成。

二期决定坝身在淤泥面上再加高3米。按照淤地坝设计，用极限平衡法计算，土坝迎水坡上半部采用1∶2，下半部采用1∶3，总坝高达28.3米，可增加库容35万立方米，为了安全，增设溢洪道一座，最大泄水量为15米³/秒。按照淤地坝的边坡设计土坝边坡，在库内淤泥面上加高坝身，经二坝试验，可节省填土量及人力、物力、财力80%左右，再次证明是可行的。

六、来工地视察过的主要领导

（1）张可夫。1954年纸坊沟大型留淤土坝开工建设，当时是西北五省最大的防洪拦泥土坝水库，当时任平凉专区专员的张可夫曾多次视察工地，为了保证工程质量和调动人力、物力，专署组成施工指挥部，自任总指挥，并以自己脑袋作为抵押，保证完成工程任务。

（2）王化云。时任黄河水利委员会主任，是副部级，1962年视察黄河时曾到纸坊沟视察，询问一番工程建设和测验研究后，指出要加强这方面的工作。

（3）赵局长。时任西北黄河工程局（正厅局级），1957年8月，当听说当年7月24日平凉遇上约相当于50年一遇的暴雨后，专程从西安率领技术人员来视察纸坊沟土坝的安全情况，当我们汇报了暴雨强度最大是2毫米/分，他很惊讶地问工程安全吗？我回答说，雨的确很大，不能说话，一张开嘴，口内就灌上雨水了，我们测验研究人员，一夜未睡，全部人员都穿上雨衣、雨鞋，一手拿记录本、一手拿铁锨站在各自岗位上。在坝坡上记录水位的同志说，洪水来临时，库水位上涨很快，每过一两分钟，人就要向高处退一步。巡查人员说，我一夜巡查多次，未发现问题，次日天亮后，又细查了一遍，均未发现问题。局长很欣慰地说：很好，我放心了。

（4）王国。时任甘肃省水利厅厅长，1957年正值精简机构裁减人员，他视察后说："你们人很少，可以自己担水烧饭。"王国厅长走后我们就把临时工退了一人。

（5）贺建山。时任甘肃省农林厅长，1957年来纸坊沟调查农田建设和荒沟荒坡种树种草情况。

（6）历届地市级领导人中，凡是主管水利和防汛的书记、专员大都到纸坊沟大坝上视察过。

（7）1957年，苏联水土保持专家扎斯拉夫斯基来纸坊沟调研。

（8）1959年，北京大学自然地理系教授张明哲（张明哲是早年留学美国获得博士学位后又在美国工作十来年的专家）率领自然地理系十余名临毕业的学生到现场进行生产实习，水利局指派我全程陪同北京大学的师生到纸坊沟各个大小沟岔、河流和山川塬考察，并提供黄河水利委员会1953年由测量队实测的1/5 000地形图及野外实习工具，联系食堂等生活安排近2个月，他们师生回北京大学两个月后寄来以下5份成果：

①纸坊沟流域自然地理科学调查报告一本；

②纸坊沟流域1/10 000自然地理图一张；

③纸坊沟流域1/10 000土地利用现状图一张；

④纸坊沟流域1/10 000水土保持治理现状图一张；

⑤纸坊沟流域1/10 000规划一份。

凡是看过以上资料的专业人士，都表示很好，有参考价值，以上资料在我1968年调离水保站时，已装入大铁皮箱整体移交给水保站。

我由于身体原因不能执笔，回忆录由我口述，夫人王启睿代为执笔撰写。王启睿1966年调入当时的平凉专区纸坊沟水土保持试验站，从事气象水文观测工作，1968年同我一起调离。

水 土 情

—— 一段难忘岁月的回忆

原平凉地区水土保持试验站站长、书记 孙秉义

平凉，生我养我的故乡。在这儿有我成长的足迹，也是我一生工作、生活和为之奋斗的地方，我深爱着平凉这片黄土地。

2020年7月，得知平凉市水土保持科学研究所为迎接建所66年华诞，决定编修《平凉市水土保持科学研究所志（1954—2020）》，全面回顾总结和宣传展示平凉市水保科研所自1954年建所以来的光辉发展历程。所志编修办的同志给我送来通知，希望曾经在所里工作过的同志提供相关的文字、图像资料，并要我撰写一篇工作回忆录，我感觉这是一件有意义的事情，理应全力支持。虽然我已离开水保站30多年，但每每想起在水保站工作那段难忘的经历、难忘的事，总让我思绪万千，难以释怀。

我是在改革开放之初的1979年12月被平凉地委任命为平凉地区水土保持试验站站长，当时的副站长为熊启基。1980年6月，地委又决定由我任平凉地区水土保持试验站党支部书记，雷玉堂任平凉地区水土保持试验站站长。1983年11月雷玉堂调走后，地委又任命朱瑞英为地区水保站站长，我们一同搭班子工作。1986年12月，地委决定免去我地区水保站党支部书记职务，调我去地区行署水利处任纪检组长，到1993年9月离休。回想起在地区水保站工作的7年时间，在站党支部的坚强领导下，我和领导班子一班人团结带领全站干部职工，解放思想，转变观念，主要做了以下几方面的工作。

一、明确工作职能、健全组织机构

我到水保站工作时，全站有干部职工60多人，还有部分临时工，经营坝地100多亩、果园10多亩，后来还办起了奶牛场，到1986年奶牛存栏达到24头，有大型机械东方红75型推土机4台、28型拖拉机1台。当时，单位内部机构设有人秘组、试验组、农林组、机械组四个内设管理部门，人员结构是行政干部和工人较多，专业技术干部相对较少，内部管理不够

规范。单位在工作方面以生产为主兼搞科研，当时我也听到有个别职工说：
"水保站是不务正业"。面对这种现状，为了尽快把工作重心转移到以科研试验为中心的轨道上来，我和领导班子一班人深刻认识到，要改变这种现状，必须从健全内部管理机构、明确工作职责、理顺工作程序、完善管理制度入手，经多次汇报地委、行署和主管部门同意，并于1981年4月经地区编委批复同意，地区水保站内部机构设立办公室、研究室、试验场三个科级建制科室，这也是水保站自建站以来首次经上级编制部门批准设立的内部机构，同时，也对工作职能进行了明确规范，即坚持以科研试验为中心，以生产经营为补充，各项管理制度也在逐步建立。到1984年4月，为了进一步加强科研试验及技术研究推广工作，再次对单位内设机构及职能进行了优化调整，经地区编委批复同意，地区水保站内部机构设办公室、技术研究推广科、试验场。同时，这一时期在全站试行推行了"办公室工作人员岗位责任制""科研课题承包责任制""生产责任承包合同制""人员招聘制"四项改革措施，做到了任务到人、责任到人、有奖有罚，进一步提高了工作效率，全站干部职工工作积极性进一步增强，也受到了省、地有关部门的表扬。

二、工作重心逐步转移，科研试验工作初显成效

内部机构健全了，工作职能明确了，工作程序理顺了，各项制度完善了，全站干部职工的工作积极性也调动起来了，以科研试验为中心的思想在全站干部职工中逐步树立，科研工作取得了一定成绩。这一时期完成并获奖的课题共有5项，其中"沙打旺引种、繁育、推广试验"和"纸坊沟径流泥沙资料整编"2项研究成果获1985年度平凉地区科技进步一等奖；"水坠法筑坝试验"和"平凉地区引洪漫地试验"2项研究成果获1985年度平凉地区科技进步二等奖；1981年立项的"古岔小流域土地资源合理利用研究"课题1987年获平凉地区科技进步三等奖。另外，1980—1985年立项的"茜家沟流域综合治理试验示范"等5项课题在我1987年离开水保站后都获得了地（厅）级以上科技进步奖，尤其是"茜家沟流域综合治理试验示范"课题获得了国家科技进步三等奖，这也是水保站自建站以来在科研试验研究方面取得的最高奖项。这些科研试验成果的取得是全体科技人员辛勤努力工作的结果，也与站党支部的坚强领导是分不开的。

三、职工队伍建设进一步加强，人员结构逐渐趋于合理

科研工作的发展离不开人才的支撑，为了保证科研试验工作正常有序开展，必须大力调整人员结构，对于这一点，领导班子的认识是明确的，认为随着工作中心的转移，必须对人员结构进行调整。在这方面，我们主要做了以下几方面的工作：一是随着当时地区机构改革工作的推进，1978年12月地区林业水保局撤销后，地区水保站划归地区水电局主管，后改为地区水利局、水利处。1979年初，地区水电局成立了水利工程队，需要组建人员，按照地区水电局安排，水保站将原机械组4台东方红75型推土机包括配件连同9名职工一同调拨给水利工程队，从此，机械组这个内部机构不再存在，同时也消化了一部分非科研人员。二是将人才引进及时提上议事日程，经汇报主管部门和地区劳动人事部门同意，从1981年至1986年先后引进中专以上毕业生8名，调入具有中专学历的专业技术人员3名。三是鼓励职工积极参与学历再教育学习，先后有6名具有高中学历的工人考入了国内大中专院校，这些同志通过两年以上的脱产学习，都取得了中专以上学历，回单位工作后大都成为科研业务骨干。四是鼓励职工自学成才。有部分职工通过函授教育学习，获得了大专以上学历，进一步提高了自己的学历层次。五是对于高中以下文化程度的工人采取传、帮、带和送出去参加各类短期培训班学习的形式，使自己的业务能力得到进一步提高。总之，通过采取以上措施，使单位人员结构逐渐趋于合理，也为后来的科研试验工作取得骄人业绩奠定了人才基础。

四、加强基础设施建设步伐，职工住宿工作环境进一步改善

我到地区水保站工作时，职工办公、住宿条件非常简陋，职工居住地也比较分散，一坝坝西20世纪五六十年代修建的土木结构房屋为办公区，办公室大都是办公兼住宿，当时的科研试验组在窑洞集体办公，况且在"文化大革命"时期将水保站2/3的土地和房屋划给平凉县修了火葬场，给水保站只留下了1/3的土地、十几间平房和几孔窑洞作为办公区。一坝东面20世纪70年代初修建的十几间土木结构房屋为家属区。一坝内靠西7间平房和3孔窑洞是当时试验场职工办公兼住宿的地方。还有部分职工住在单位北面原机械组职工所住的土木结构房屋内，这就是当时地区水保站职工办公、住宿的现状。面对这样一种状况，要想留住人才，就必须进一步

改善办公、住宿条件。为缓解职工住宿紧张的状况,我和领导班子一班人从 1981 年起就多次向地区主管部门和地区财政部门汇报、反映情况,请求解决经费问题。终于在 1982 年经地区财政处批复同意下拨地区水保站零星小土建项目 5 万元,用于解决职工住宿紧张状况。经费下拨后,我们精打细算,精心组织施工,于 1983 年在单位办公区靠近原火葬场北面原机械组院内修建了 16 间砖混结构平顶房,可住 8 户职工家属。房子修成后,有 8 户临时在办公区过渡的职工家属搬进了新家。这一项目的实施,使职工家属住宿紧张的状况暂时得到了缓解。但是,单位全体干部职工办公和单身职工住宿用房紧张的状况还没有彻底解决。如何解决这一问题,站领导班子从 1979 年开始就着手考虑解决办法,到 1983 年,其间先后 3 次向平凉地区行署、省水利厅水保局打报告,要求平凉县火葬场退还"文化大革命"期间占用地区水保站房屋 12 间、窑洞 10 孔、土地 4 000 多平方米归地区水保站所有,最终因情况复杂,这一要求没有实现。但站领导班子对改善职工办公条件的计划和决心没有改变,在 1983 年新任站长朱瑞英同志到任后,新的领导班子根据当时的实际情况,多次开会研究决定离开老单位,重新谋划、另辟蹊径,经积极调研、踏勘新址,终于到 1985 年在地委、行署及主管部门的大力支持下,用纸坊沟一坝土地 34.5 亩兑换纸坊沟社(通讯站门前)台地 9 亩作为兴建办公实验楼基建用地。这一计划在 1985 年完成了土地兑换及修建办公实验楼项目的前期立项准备工作,1986 年进入项目的修建施工阶段,到年底整个工程完工后,我也于 1986 年 12 月调离地区水保站去地区水利处任纪检组长,到 1987 年得知全站干部职工搬入新址办公,我也深感欣慰,总算当初路没有白跑、功夫没有白费。

五、抓好防汛安保工作,保证平凉东城区安全度汛

纸坊沟水库是 1955 年 5 月建成的全区第一座拦泥、防洪水库,后于 20 世纪 60—70 年代后期陆续修建了八里庙水库和高庄水库。这 3 座水库都是以防洪为主的滞洪调洪型水库工程,对保障平凉城区的防洪安全至关重要,历来被省、地、县各级领导所重视,也是水保站自建站以来集管护与科研为一体的重要职能,我到水保站工作后,对于这一点认识也是明确的,更是不敢懈怠。除科研试验工作外,把防汛安保当作一项重要工作来抓。一是按照主管部门安排,每年进入汛期都要制订防汛度汛计划,单位安排专人对 3 座水库进行值班值守,确保安全度汛。二是继续开展纸坊沟流域的

综合治理工作，20 世纪 80 年代初，地区每年春季组织地、市机关干部职工到纸坊沟流域开展植树造林，水保站技术人员进行技术指导。同时，地区水保站结合水土流失规律研究课题在纸坊沟流域开展了筑坝淤地、植树种草等治理措施，使纸坊沟流域的水土流失得到进一步控制，生态环境有了很大的改善，从 20 世纪 60 年代至今纸坊沟再没有发生大的洪水灾害。三是加强对纸坊沟 3 座水库的监测和管护，发现问题及时维修处理。在监测方面，从建站之初就设立了纸坊沟水文观测站，20 世纪 80 年代初又陆续设立了何家庄和八里庙两个水文观测站，同时还设有石窑俭等几处雨量监测点，这些水文监测站、点收集的资料为后来"纸坊沟流域水土流失规律研究"课题提供了科学数据。在管护方面，一到汛期，3 个水文观测站坚持 24 小时值班监测，及时上报汛情，同时确保收集的数据真实、准确，对 3 座水库发现的问题及时维修处理，在我任职期间的 1981 年对八里庙水库坝体进行了加高，提高了防洪标准，确保了坝体安全。在坝地经营管理方面，对一坝坝内外上百亩土地由原来的生产用地逐步转为科研试验用地。

　　以上是我在水土保持科学研究所工作 7 年多时间所做的几件主要工作，说来也微不足道。大都是大家及班子集体努力的结果，我只是做了自己应该做的一些事情。

　　最后预祝《平凉市水土保持科学研究所志（1954—2020）》编修工作圆满成功！

　　祝愿平凉市水土保持科学研究所的明天更加美好！

加强水土保持科研攻关　助推平凉经济社会发展

原平凉地区水土保持科学研究所所长　朱瑞英

平凉，生我养我的地方，也是我一生工作生活和为之奋斗的地方。我深爱着这片神奇的黄土地。

平凉历史悠久，文化底蕴深厚，是中华民族的重要发祥地之一。但是由于气候变化，黄土高原水土流失严重，加之干旱少雨，生态脆弱，从而形成梁峁交错、沟壑纵横、山塬交替的复杂自然环境，严重制约了平凉的经济社会发展。

新中国成立后，各级党委、政府十分重视水利建设与水土保持工作，并为此做出了持续不懈的努力。

从1954年成立"纸坊沟水文观测站"到1964年成立"平凉专署纸坊沟水土保持科学试验站"，再到1987年7月改为"甘肃省平凉地区水土保持科学研究所"，一直到今天，历时半个多世纪的发展，取得了非常骄人的业绩，为平凉的经济社会发展做出了重大贡献，作为科研所曾经的工作者和见证者，我感到非常光荣和自豪。

我是1983年由平凉地区种子公司经理调任水土保持试验站站长（1987年改任所长），一直到1996年退休，历时13年，虽然退休已经25年了，但是对于在水保科研所工作的这一段经历，我依然记忆犹新，特别是一起战斗过的同事，一起奋斗过的日子，一起研究攻关的场景，永远难以忘怀。

一、抓基地建设，为科研所发展奠定物质基础

子曰："工欲善其事，必先利其器。"一个单位、一个组织要发挥作用，首先必须有自己的阵地。水土保持科研所自成立以来，很长一个时期没有一个正规的科研办公场所，长期以来在当年修坝时挖的土窑洞和十几间平房里办公，条件十分简陋，工作人员的住宿条件就更差了。面对现状，1983年我到任后，与科研所班子成员一起，团结带领全所同志，积极调研，踏勘新址，不断向上级组织和领导汇报，在地委和行署及业务部门的大力

支持下，1987 年建成了新的科研办公楼，并顺利完成了配套和搬迁工作，1989 年又建成职工住宅楼，从而极大地改善了职工的科研办公、住宿环境和生活条件，使科研人员更舒心地开展工作，为科研所的持续发展奠定了坚实的物质基础。

二、抓队伍建设，积极培养科研骨干力量

建设一支过硬的高素质科研工作队伍是科研所完成课题任务，实现科研目标的前提。由于历史原因，科研所成立初期，侧重水文监测和试验场地耕种，形成行政管理人员和工人偏多，而科研专业人员极少，且专业结构不合理。为了完成上级组织下达的科研任务和科研攻关的需要，我们采取了一系列积极措施，努力打造一支高素质的科研工作队伍。

一是在人事部门支持下，先后从大专院校引进了 12 名大中专毕业生，增添了新生力量。

二是在人事组织部门支持下，先后调入 4 名专业骨干人员，补充完善了专业结构。

三是从内部选送 4 名文化基础比较好的青年职工到大专院校培训学习，提高科研能力。

四是争取政策，积极协调解决现有科研人员的技术职称，提升待遇，充分调动其工作积极性。

五是实施改善政策，不论资排辈，鼓励青年骨干人员承包课题，优化组合，加快人才的成长。

通过上述措施，科研人员比例达到 64.4%，年龄结构、专业结构趋于合理，科研队伍整体素质进一步提升，基本满足了科研工作需要。

三、抓科研攻关，为助推平凉社会经济发展做出贡献

水土保持科研所的研究方向及任务是：针对本地区水土流失及水土保持治理工作中存在的关键问题，开展以应用技术为重点的试验研究，以及部分基础理论研究，其主要任务是结合振兴重建陇东粮仓，开展农田基本建设及服务到增产的研究、水土保持工程措施研究、水土保持植物措施研究、水土保持耕作措施研究、水土保持新技术运用研究。为此，主要抓了以下几个方面：

一是课题选择坚持进流域、上主战场。紧密结合本区恢复陇东粮仓这

一生产实际和治理水土迫切需要解决的关键性技术问题，以应用技术为主，突出经济效益，将科学研究和群众性的开发治理结合起来。如静宁县古岔小流域综合治理见到明显效果；茜家沟流域经过治理，生态环境趋向良性，生产有了较大发展。

二是坚持科研与推广结合，使科研成果尽快转化为生产力。为重建陇东粮仓服务，为发展生产服务。如我们开展的"夏季梯田建设研究，采用修地补助费与机耕、化肥、良种三挂钩的办法以及科学的配方施肥，做到修地与增产相结合，保证了夏季新修梯田当年修当年增产"。茜家沟小流域综合治理试点项目，采取边执行边投入生产边推广应用的方法，在平凉地区11条重点流域推广，面积达259平方千米，效果十分显著。同时还在山地梯田内推广栽培山楂6 000多亩，群众十分欢迎。

三是加强科研课题的管理。为了保证课题顺利实施，在选择课题主持人时，不以年龄职称论资排辈，尽量选用科研道德好、业务能力强的中青年担任，给他们压担子，帮助他们成长，实行课题承包，由课题主持人选择其他人员，实施优化组合。同时发挥群体优势，组织课题攻关，确保课题任务完成。

四是采用先进技术，加强横向联合，提高研究水平。从1983年开始普及电子计算机的学习和培训。1984年开始运用系统工程原理规划办法，对小流域综合治理进行线性规划和总结验证。同时，与兰州大学、北京林业大学、西北水保所、省畜牧研究所、平凉师范等横向联合，解决了研究工作中的难题，进一步提高了参试人员的业务水平。邀请联合国教科文组织官员以及日本、以色列、韩国、匈牙利、英国、瑞典、荷兰、美国、比利时、奥地利等国代表26人来我区考察水土保持工作，并就小流域综合治理、黄土地貌水土流失规律等学术问题进行了广泛交流。

五是改变技术推广服务方式。从1985年起对科学研究补助经费的使用试行"以物代补""以息代补""以奖代补""有偿投资"。使有限的资金用在重点推广项目上，收到了良好的效果。与此同时，利用现有的设备积极开展对外有偿咨询和技术服务，既增加了收入、更新了设备，又增强了科研所为社会发展服务的能力。

总之，通过全所人员特别是科研人员克服困难、团结协作、坚持不懈的努力，"七五""八五"期间，共开展科研课题29项，通过验收鉴定 20 项，其中 19 项先后获得国家级、省（部）级和地（厅）级科技进步奖（国家三等奖 1 项；省科技进步一等奖 1 项，二等奖 1 项，三、四等奖 6 项；地（厅）级一、二、三等奖 11 项），这些与生产紧密结合的应用技术课题研究成果为社会创造经济效益 3 000 万元以上，为平凉地区经济社会的发展做出了应有的贡献。科研所的工作也得到了上级部门和组织的充分肯定，先后获得甘肃省人民政府和省水利厅先进单位称号。

深化科技服务促转型　反哺科学研究谋发展

——在水保科研所工作的回顾

平凉市水土保持科学研究所原所长、书记　柳喜仓

2007 年 7 月，平凉市委任命我为市水务局党组成员、副局长兼市水土保持科学研究所所长，与副所长毛泽秦、柳禄祥、郑金瑜和支委薛银昌、车守祯组成支委会班子，一起工作了三年半时间，与水保科研所结下了深厚的感情，与水保科研人员建立了真挚的友谊。

市水保科研所是市属专门从事水土保持科学试验研究与技术推广的公益性正县级事业单位，共有事业编制人员 54 人，是一所规模较大的市直单位。自 1954 年建所以来，立足水土保持科学试验研究和生产实践前沿，在防治水土流失、保护和合理利用水土资源、减轻洪涝灾害、改善生态环境、发展农业生产的实践中，探索和创造出了许多治理水土流失、保护生态环境的成功经验和路子，取得了丰硕的试验研究成果，承担完成了部委、省、市下达和列项科研项目 60 多项，获得各类科技成果奖近 50 项，20 世纪 80—90 年代完成的两项课题获国家科技进步三等奖和甘肃省科技进步二等奖，享誉省内外。我在所里工作期间，2008 年完成的"纸坊沟流域水沙特性及水土流失特点研究"项目获水利部大禹科技三等奖，收效甚好。所里科技人员在科研试验与科技推广服务实践中，积极钻研总结撰写并在国内专业学术刊物发表论文 170 多篇，有 5 人享受国务院特殊津贴和省优秀专家称号，有 20 多人获部、省、市先进工作者荣誉称号，水保科研所多次被省、市有关部门评为先进科技推广单位和先进党支部，创造了辉煌的历史和成就。

但在 20 世纪 90 年代中期，随着国家经济体制和科技管理体制改革，水保科研所一度陷入了困境，课题研究项目立不上项，科研经费无着落，人员工资及经费短缺，职工菜蓝子补贴无来源，机关办公楼及家属院设施年久失修透风漏雨，办公设施老化落伍，供水供电供暖得不到保障，科研人才断档、士气十分低落，水保科研事业几近停滞。我到水保科研所时，虽然上届所领导班子在突破困境上做了很多努力，开启了科技服务工作，

用科技服务抓创收、用创收促科研，补发了职工一半菜蓝子补贴，弥补了部分办公经费和水暖电费，可科技服务的范围和收入不大，事业经费和科研经费短缺，科研人员无心试验研究，基础设施破败的落伍面貌仍在，水保科研事业举步维艰的困境仍未突破，当时暴雨随骤风穿过窗缝吹进办公桌头的景况让人记忆深刻。

踏进这样的环境和条件的水保科研所，我当时有些懵。后通过与所班子成员座谈、与科室负责人及高工谈心谈话，深入了解了所里的情况和职工状况，下定决心，从转变职工思想观念入手，扩大科技服务范畴和渠道，加大创收力度，尽力改善办公和职工工作生活条件，改变落伍状况和落后面貌，带领大家攻坚克难破困境、砥砺奋进谋发展。通过几年的努力，还真见到了实效。

一是深入浅出促思想观念转变，引导干部职工树立新理念。水保科研所原是在纸坊沟水文观测站基础上建立的，中间虽然将单位由沟里搬到沟口，单位仍在城外，离城较远，业务单纯，对外交往少，外部社会的新思想新理念传入慢、接受慢，长期存在着与社会脱节的问题。了解到这一情况后，我首先加强班子思想教育，现身说法讲省内外水利水保发展形势，领队赴定西水保所和黄委西峰水保试验站参观学习，急催紧赶，树立班子坚强担当、奋勇开拓的形象；其次加强政治理论学习和思想教育，集中时间学习研讨邓小平理论和中国特色社会主义市场经济理论，请党校教授专题讲解科学发展观和社会主义市场经济发展先进典型及同行业先进经验模式，掀起干部职工的思想浪花；同时，利用我在市水务局分管工作之便利，安排一些科室负责人跟水保局同志一起下乡检查观摩，走出去扩大交流，增强工作实践认知，通过感性认识转变观念；还积极组织庆"三八"、迎"五一"、庆国庆、迎新年联欢活动，增强水保所干部职工与市区水务局、水保局人员的交流，联络感情、交流思想、转变观念。这样时间长了，大家思想就开活些了，就有了新的想法，所里趁势提出了坚持以科研服务生产实践为中心，实施科技服务于经济战略和项目建设战略，突出科研促生产、突出项目建设促发展、突出效益求生存，继续推动全所工作由计划科研向市场科研转变、由理论科研向新技术的引进推广转变、由单一的课题研究向科技服务、科技咨询、科技成果产业化方向转变，由单纯的社会效益为主向社会效益与生态效益、经济效益并举的方向转变的"一个中心、二大战略、三个突出、四个转变"新思路，努力推动全所工作向水保科研产业化目标迈进。思想观念一变天地宽，全所人的干事创业热情一下子高涨起来了，我心里也热火了。

二是想方设法拓展科技服务路子，狠抓科技创收破困境。当时所里以八里庙水库除险加固工程勘测设计为契机，办有水利水保工程技术服务处，取得了水利工程设计丙级和水土保持方案编制乙级资质证书，在平凉市范围搞了4座水库除险加固和3个县的坝系工程勘测设计及10来项建设项目水土保持方案，还同西峰水保站协作承揽了庆阳市4座水库除险加固工程勘测设计，这些项目因为当时立项困难，前期经费给得很低，创收有限，但是人员基本上培训出来了。到水保所后，我就抢抓机遇，联系7县（区）水保局，把全市的坡耕地综合治理和淤地坝工程设计承揽给水利水保工程技术服务处，加上2008年经历亚洲金融风暴后国家实施拉动内需带来的大范围流域综合治理项目，2008年技术服务处项目满荷，科技人员连续加班，服务收入当年就超过了百万元，成绩喜人。但也有难处，拉动内需项目来的紧、要的急、审查费高，先是泽秦带领所里十几个技术骨干住在兰州长城宾馆，黑天没夜地边做边审边改，后因审查费的事我也上兰州和大家同住同办，为勘测设计费和项目审查费扯了几天，给庄浪、静宁两县的水保局长倒了许多水保所的难处和技术人员的辛苦，才把局长们打动，项目勘测设计费按规定的上限定了，审查费又由县上支付，华亭县的项目后来也照此办理，这一下给技术服务处结了个大瓜，自此技术服务处就兴旺起来了，水保上的坡耕地综合治理和淤地坝、发改上的基本农田建设、农发上的高标准农田等项目接连不断，单位收入连连上涨。

在推动技术服务处勘测规划设计工作的过程中，我们又发现国家强制实行建设项目施工监理制，而平凉又缺少水土保持监理单位，水保科研所又有许多技术人员有监理资格证书，觉得这是水保科研所能够施展技术服务的又一个突破点，于是把目光瞄向了省水保局下属的甘肃省三木水土保持工程咨询监理公司。2007年底，利用去省水保局汇报衔接工作的机会找到三木公司的李莉经理，经过三番谈判和邀请李经理到水保所现场考察，2008年"五一"节前谈成了开设甘肃省水土保持工程咨询监理公司平凉分公司的协议。2008年9月16日，甘肃省水土保持工程咨询监理公司以甘水保咨发〔2008〕5号文任命柳禄祥为甘肃省水土保持工程咨询监理公司平凉分公司经理、姚西文为副经理兼技术负责人，在崆峒区工商局申请注册登记，迅速组建了监理分公司班子和队伍。第一个监理项目是我和泽秦、禄祥、西文专程赶到华亭中煦煤化工公司，与陈德廉总经理直接谈判承揽的中煦公司 60 万吨／年甲醇厂和石堡子水库水土保持方案施工监理项目，合同金额比较大，实现了开门红。当年还承揽了发改部门实施的基本口粮田建设项目监理任务，一次签订了全市 8 年建设期的监理协议，监理咨询服务又红火了好几年，给水保所带来了丰厚的收益，全所技术人员全部参加进去了。2010 年 9 月 19 日，甘肃省水土保持工程咨询监理公司以甘水保咨发〔2010〕01 号文免去柳禄祥经理职务，任命郑金瑜为甘肃省水土保持工程咨询监理公司平凉分公司经理，姚西文继续担任副经理兼技术负责人，从此又拓展了平凉市国土整治项目监理业务。在筹备成立监理分公司的过程中就着手制定管理制度，开展监理知识培训考试。连办公室的薛银昌主任也积极帮助制定管理办法和制度。监理公司监理业务的开展，大家都真真切切深入到水土保持工作实践中，全面铺开了省、市、县水保工作者之间的交流实践，全所干部职工得到了充分锻炼，特别是一些年轻同志学到了技术、提高了本领、有了成果，夯实了成长的基础。

两项科技服务事项深入推动走上正轨后，丰厚的收益给所里带来了改善办公环境和基础设施的条件，2009 年一年就办了三件大事：年初借助监理分公司开办一次采购了 2 台彩色打印复印机、15 台电脑、45 套办公桌椅，给全所人员换了桌椅、电脑，并接通了电信网络，基本实现了自动化办公；年中又向市政府申请更换了车辆，把原来破旧又出过大事故的老桑塔纳车换成了性能稳定的越野车，解决了交通用车安全问题；后来又进行了办公楼内部改造，投入 65 万元更换了全楼门窗、上下水管、电线网线、照明设施，铺筑了大理石地板和窗台，粉刷了全部内墙，安装了不锈钢扶手、铝合金窗、高压木门、落地窗帘，历时 3 个多月到年底改造出了一幢崭新的机关办公楼，所里面貌焕然一新，市水务局及局属兄弟单位还联合进行了竣工庆贺。遗憾的是原计划当年春天进行办公楼外部修缮，可遇到了国家禁止党政机关和事业单位楼堂馆所建设与改造的政策，此事再未进行。

三是内引外联抓课题项目实施，推动科研试验上台阶。科研试验是水保科研所的主业，是水保所的立所之本，这一点我和所班子成员始终认识清楚。所里深入开展科技服务的目的就是通过创收来解决科研试验研究经费问题。2008 年收入情况好转后，拨出 20 万元补贴当年开展的 8 项课题研究经费，制定出台了"科研工作管理制度"和"抓科研促工作激励办法"等 20 项规章制度，激发了全体科研人员的积极性。大家积极走出去与泾川县红提葡萄种植园、灵台县龙门乡草畜协会、崆峒区十里铺苗圃、泾川县田家沟水土保持科技示范园等产业基地搞协作科研，提供技术指导和部分苗木、籽种、化肥、地膜等，大力开展科研试验，年底鉴定验收了3项课题，3项课题获得了省水利科技进步奖及市科技进步奖，其中平凉市纸坊沟水沙特性及水土流失特点研究课题 2008 年获省水利科技进步二等奖后，2009 年被省水利厅推荐到水利部获水利部大禹科技奖三等奖，成为 21 世纪以来水保科研所取得的首项省（部）级科技奖。2009 年、2010 年每年都有 3 项课题鉴定验收获奖，每年有 3 ~ 5 项新课题立项，每年都有 10 万 ~ 20 万元的科研经费补助，立项实施的科研课题大多都是实用技术推广型，科研人员也是蹲点驻场实打实开展。朱立泽总工主持的"优质葡萄——美国红提葡萄引种试验示范及推广""达溪河流域甘农 2 号苜蓿引种繁育与示范推广"，陈泾瑞主持的"甘肃桃栽培技术与开发利用""退耕宜林地美国仁用杏栽培技术推广"，卞义宁主持的"四翅滨藜引种及栽培试验与示范推广研究""陇东黄土高原区灌木种质资源及主要水土保持灌木研究"等课题，都有 500 ~ 1 000 亩的试验示范基地。分管科研工作的泽秦副所长很用心，每一年科研课题从立项方案的制订、人员搭配、课题实施到完成后的鉴定验收评奖及后续的成果推广都尽心尽力，每年春夏季都带领科研人员到基地亲自开展自选自耕自种、锄草施肥扦插，科技人员经常驻场蹲点进行试验观测、收集资料，科研试验工作紧贴生产实践蒸蒸日上。当时还采取请进来与高等院校合作的模式搞科研。在加强与兰州大学、甘肃农业大学等省内院校开展交流研究的同时，还通过中国林业科学院首席科学家王彦辉博士联系中国科学院水利部水土保持研究所、甘肃祁连山水源涵养林研究所联合在泾川县官山林场开展"西北典型区基于水分管理的森林植被承载力研究"课题，课题最后通过国家林业局鉴定验收，认定"基于水资源管理的黄土高原植被承载力确定及调控途径"为创新技术；与德国德累斯顿科技大学合作在平凉纸坊沟、泾川中沟开展"西北地区泾河流域土地利用和气候变化对水资源的影响"课题研究，德累斯顿科技大学的卡尔·海因茨·费加博士、凯·施维茨博士先后两次来现场考察指导，留学德累斯顿科技大学的研究生张璐璐、于苗苗常住水保所两年多专门监测试验，王彦辉、张璐璐等研究者亲自挖测坑，冒雨到现场取资料，笔记本电脑从不离身，这些优良作风感化了水保所的很多科研人员。2009 年底，德累斯顿科技大学还专门发函邀请我和任烨同志到德国交流访问，我因领导干部限制未能成行，任烨同志前去进行了 20 天的考察访问，这也在水保所开了先河。

四是苦心实施项目建设战略，努力提高纸坊沟流域防汛保安水平。水保科研所是在纸坊沟水文观测站基础上发展来的，纸坊沟是水保所的根，20世纪80年代前，水保科研所在纸坊沟内修建了2座水库和14座淤地坝，形成了上千亩沟坝地，树立了西北黄土高原沟壑区小流域沟道治理的典范。但经过40多年的运行后，10座淤地坝已淤平成为耕地，纸坊沟、八里庙2座水库也已淤积了2/3的库容，加上年久老化失修、城市建筑垃圾入库等，水库调洪滞洪功能大大下降，纸坊沟流域防汛保安形势十分严峻，2座水库防洪安全直接关系着下游快速发展起来的平凉东城区40多家党政机关、学校、医院和1 800多个工商企业及10多万居民的生命财产安全保障。2007年8月我刚到水保所时间不长，八里庙水库泄洪洞洞口就被洪水冲下的大树堵塞，整得我和柳禄祥副所长带领所里所有科级干部及防汛人员清理了一天一夜，调了一台挖掘机和一台吊车才清理出来。纸坊沟水库泄洪洞洞口几乎被乱倒的城市建筑垃圾堵塞，溢洪道钢闸门多年前被盗，险情相当严重。我在庄浪县和市水务局工作时管过防汛，知道水库防汛的重要性，所以一到水保所就操心水库除险加固的事，但纸坊沟内的2座水库都是小（1）型的，在全省盘子上争取难度大，为此还费了不少周折。2008年初，我了解到国家要实施第二批水库除险加固项目，就安排技术服务处的几个主要设计人员连夜修改工程设计报告，按新的规定完成八里庙水库除险加固工程设计修改报告，带上禄祥、段高工向黄委会上中游管理局和黄委会汇报复核审查，多次奔省水利厅衔接汇报审核审批，项目才于当年10月批复立项，当年下拨投资464万元，年底由市水务局统一招标，第二年惊蛰刚过就动工，年底完成主体工程建设任务，2010年5月由省水利厅组织竣工验收，对水库下游坝坡进行了培厚加固，衬砌了溢洪道引水渠、泄洪渠和泄洪洞、泄水渠，增建了两个泄洪渠消力池和尾水渠，清理了库区杂物，翻修了水库管理所管理房和院落，水库标准提高到了500年一遇洪水防洪标准，竣工验收时，省水利厅领导对工程建设给予了很高评价，这是我们扎实调度管理和争取纸坊沟水库除险加固项目立项良苦用心的结果。这中间有几件事值得回忆，项目施工单位市水电工程局安排的现场经理王金科同志对工作非常负责，工地安排得有条不紊，本人也戴顶草帽、提个马扎凳从早到晚在工地上守着，质量抓得很紧，结账去也真诚，工程搞得很好，可惜的是工程没修完他就得了个脑瘤，不到20天就去世了，所里派人专程赴西京医院看望，他去世后所里又派人去他老家送行，算是个感谢。工程验收前需要做大量的竣工资料整理总结，可不巧的是项目负责人毛泽秦同志膝盖骨折在家休养，没人负责整理，省上验收通知下发后，我和禄祥、金瑜连续三次去泽秦家里探望，敦促泽秦带病前来整理资料、编写竣工报告，按期接受了省上的验收。

在实施八里庙水库除险加固工程的过程中，我们还谋划了两个大项目。一个是纸坊沟水库除险加固项目，从 2008 年就开始着手，先是利用省水利厅检查防汛和八里庙水库除险加固工程竣工验收之机，把瞿志宏总工和刘建英、郭万荣、张建胜、魏传登处长分别请到纸坊沟水库现场查看了解险情，请求列入水库除险加固项目中，但因该水库在省、市未注册，省上认为是淤地坝，又把水库主管部门省水管局张有俊副局长请到现场查看后，说除非有档案资料证明是水库工程重新注册后才能作为水库除险加固项目。按这个说法，所里派了几个人到市档案馆查找，最后终于找到了 1964 年水库扩建的报告，由此才在省上成功注册。随后由所技术服务处和市水电勘测设计院联合完成纸坊沟水库除险加固工程初步设计报告，2010 年 7 月报省水利厅审查顺利通过，审查当天，主持会议的瞿志宏总工高兴地说：你们这是第二批项目审了三天通过的头一个，感谢啊！听了夸奖我们也很高兴。后来经过修改审批，年底立项下达资金 428 万元，2011 年组织进行了实施。另一个是纸坊沟沟道防洪治理项目，是想走抗旱防汛渠道立项的，2010 年冬天，我领着技术服务处的几个骨干从纸坊沟垴的虎狼山下徒步踏看了 10 多千米，初步勘定了治理段落和方案，最后编制了投资 1 500 万元规模的工程设计报告报到了省抗旱防汛指挥部办公室。这个项目几经修改，2014 年才得以实施。这几个大项目的实施，从根本上改变了纸坊沟流域防洪工程设施年久老化失修、破败不堪、脏乱差险不安全的状况，汛期防汛人员工作省劲得多了，我们防汛负责人睡觉也踏实多了。

五是深切关注职工培训教育成长，全力推动人力要素发挥最大作用。科技人才青黄不接是当时事业单位的通病，单位没事干、有事没人干。我们看到这个问题的严重性后，一方面加强现有人员培养成长，通过人才输入、外出培训学习、学历教育、岗位锻炼、传帮带培养等方式方法，有计划、有针对性地提高专业技术人才的业务素质，使全所职工紧密适应信息时代和知识经济时代的要求，不断开阔视野，增强分析问题、解决问题和驾驭工作的能力，造就了一支具有较高素质的人才队伍。通过几年的努力，所里技术人员占到了七成多，高级职称人员达到 12 名，还有 2 名同志成为享受国家特殊津贴的专家和甘肃省优秀专家，14 名职工通过学历再教育和工作实践成长成了技术人员，引进了 1 名研究生和 2 名"三支一扶"大学生，职工队伍结构和知识结构有了明显改善。还通过内部机构和人员岗位调整，做到人尽其才、才尽其用，当时 6 个科室场只有 3 个正科级、3 个副科级干部，3 个正科级干部都在同一岗位上干了十几年了，都很疲劳，所里研究后适当给予调整，并积极向水务局党组汇报配齐了科室场负责人和副手，通过人社局和组织部的多次汇报衔接，牛辉同志以工代干担任试验场场长的职位和工资晋升、设立科级总工程师和妇委会主任的问题都解决了，所里中层干部全换了，组织管理有条不紊地开展。

干部齐了，人员补充上了，发挥好每个人的作用就成了领导工作的重心，这方面也费了不少心思。先是制定了工作制度和会议制度，规范了工作程序，用制度管人管事管物。再是关心干部职工，我时常利用早到晚归的时机和同志们谈心谈话，了解掌握大家的工作、学习、生活状况和思想动态，年年找人社局分管领导和主要领导要职称限额，联系解决个别职工子女入学困难等，帮助排忧解难。这些机关事务管理其实也很费心，禄祥副所长长期管机关，为人的事、钱的事、职称限额的事不知跑了多少个部门、挨了多少白眼，但一直未退缩，一直坚持，跑来的好多指标和政策解决了职工们的许多困难。车守祯同志调整成工会主席后，千方百计为大家办事，时时处处关心全体职工和离退休人员，所里新老人员生病住院、家里婚丧嫁娶、遇到重大困难时"三必访"十分到位，积极与所妇委会联合举办的庆"三八"、庆"五一"、庆国庆、迎新春文艺体育活动有声有色、生动有趣，带动所里人气很是兴旺。

人心换人心，真诚聚深情。在水保所工作几年凝聚的人心情意是浓重的、深厚的，工作中结下的友情依依不舍，三年多和同志们朝夕相处、并肩奋斗的场景现在依然历历在目，离开水保所时那份热情的欢送词、抢着合影留念的情景珍藏心中许久许久……

在水保所工作了三年多时间，深切感到一个单位要发展，就得有一个团结奋进的好班子，有一支奋发有为的好队伍，要遇上一个利于发展的好机遇；深深体会到干部职工都是真挚朴实的，都是盼望单位兴旺的，只要思想解放、齐心协力、与时俱进，只要组织领导坚定信心、坚强领导、凝心聚力、开拓创新、全力推动，大家就能积极响应、团结奋进、认真干事，事业就能蒸蒸日上。真诚祝愿水保科研所在新的征程上取得更高更大的成就！

从书过往忆旧事

平凉市水土保持科学研究所原所长、书记 李友松

平凉市水保科研所为迎接建所 66 年华诞，决定编修《平凉市水土保持科学研究所志（1954—2020）》，要我撰写一篇工作回忆录，这是一件很有意义的事，理当全力支持。我在水保科研所主持工作 7 年时间，所做的工作虽然不尽如人意，但还是竭尽所能与同志们干了一些实实在在的事。借此机会，真诚地向我在水保科研所工作期间曾关怀支持我工作的相关部门、相关领导和朋友们表示衷心的感谢！

2012 年 4 月至 2019 年 1 月我于水保科研所主持工作，同时担任市水务局党组成员、副局长，现为市水务局一级调研员。此前曾于庄浪县委、行署计划处、建设环保处、市住建局、市规划局工作 30 年。其中从事规划建设工作时间最长，达 22 年，因此对这方面工作有着极为深厚的感情。特别是 2002 年地改市后，我被抽调到中心城市指挥部办公室分管工程谋划、项目施工、绿化亮化、杆线迁改和工程预算方面的工作。当时我既是住建局副局长，又担任市规划局长，可以说在城市指挥部 10 年，是我自参加工作以来，最繁忙、最辛苦、最快乐也最具成就感的 10 年。我也曾多次受到市委、市政府和城市指挥部的通报表彰。这 10 年在我的人生经历中留下了最为美好的记忆，包括一起共事的人和所经历的事。缘为中心城市的英姿勃发，都曾凝结着我和我的同事们 10 年的汗水和心血。相比之下，我于水保科研所的工作其实微不足道。

2012 年 3 月调任我主持水保科研所工作时，从内心讲我是不大情愿的，因跨行业从事水保科研工作对我来说非常陌生。于是向领导表明态度，便说先干两年再行调整。两年后有人提醒我莫忘领导的承诺，但这时我已习惯了偏隅平静的工作环境，全然没有了转岗换位的欲望，竟然不想离开。记得我刚到科研所时，满楼沉静得有些令人心慌。独立办公室凭窗凝望后院的一片空地，茫然不知我究竟该干什么，会干什么，又能干些什么。所谓"新官上任三把火"，但我是纯粹的科研外行，自然这"火"在短期内无从烧起。所以，我没有盲目从俗，而是从学习科研所的"三定"方案入

手，从根本上搞清楚单位的法定职责、内设机构和人员编制情况，却始终未能找到市编委系统批复的"三定"方案。恰在这时，摆在我面前的第一件难事，便是人人关注的"两个公司"的收益分配。这件事的一波三折，倒使我的工作思路逐渐地清晰起来，知道该干什么、能干什么、先干什么了。归结起来，7年时间也就干了7件事而已。

第一件事，根据水保科研所的实际工作情况，重新报批《平凉市水土保持科学研究所"三定"方案》，依法系统地确定单位职能、内设机构和人员编制。

一是把水保工程监理以及建设项目水保方案编制业务作为科研所的重要工作职能纳入"三定"方案，使其工作的开展有法可依。既可为单位持续健康发展补充经费支持，又为全市各类建设项目前期工作与水保工程施工提供技术服务，尽力为平凉经济社会的发展贡献力量。

二是适度调整了部分科室的职能，适时变更了与实际工作职责不相符合的科室名称，并增设了径流监测站，以便收集整理、网络传输径流数据和为水保科研工作提供真实可靠的基础资料，也为科级干部的选拔创造岗位条件。同时为进一步明确和增加科级干部职数，把所工会和妇委会按科级建制予以申报。

三是针对科研所近20年来未曾提拔县级干部的实际情况，为寻求解决一些老同志待遇问题的途径和办法，"方案"中提出把所总工程师纳入领导班子成员和配备副县级非领导职数的意见。经向市委、市政府分管领导和相关部门汇报衔接，"三定"方案很快得以批复。

遗憾的是，上报方案中个别内容由于政策原因未能如愿。"三定"方案批复后，我们抓紧落实了科室更名、人员配备等相关工作。特别是"两个公司"的业务从源头上法定化之后，正当我们满怀信心要大干一场时，却随着国家政策的调整只好适时作罢，并致力于相关遗留问题的逐步解决。无须讳言，两个公司成立运行以来，曾为弥补单位办公经费严重不足和各项工作顺利开展发挥了重要作用。如果说前任们在办一个公司时，曾东奔西跑不是一件容易的事，那么后来在一些问题的解决上同样使人大费周折。

第二件事，从单位实际出发，坚持数量同能力相适应，进度与质量相统一，把成果转化、服务发展、培养新人作为切入点，千方百计为科研工作铺路搭桥。

一是积极探索科研成果转化的途径和办法。首先把高质量高水平编制华亭县山寨乡峡滩村的产业发展规划和村庄建设规划作为科研项目，在人员选派、经费保障方面全力支持，圆满地完成了规划编制任务，并获市科技进步二等奖，不仅填补了科研所多年没有市上项目的空白，而且规划模式在华亭县推广应用。同时"平凉市水土保持生态修复分区评价指标体系研究"获市科技进步一等奖，进而增强了争取市上项目的工作信心。其次根据华亭县药材种植产业，同大南峪村联合实施了旱半夏丰产栽培技术示范推广项目，为农民群众脱贫致富提供科技服务。再次把多年获奖的科研成果筛选报经水务局以正式文件下发各县区水务局、水保局，多方谋求成果转化、技术合作、服务基层的路子。

二是不断增强科研项目的前瞻性、实用性和推广性，积极向水利厅和市科技局同步争取服务发展的新项目。曾先后带领高职科研人员于崆峒区海寨沟、庄浪县榆林沟考察了与水土保持和旅游林果产业紧密相联的两个我至今认为，完全可以产研结合，并且能够借船出海、凭梯登高的好项目。只可惜最终海寨沟项目被他人顺手牵羊，榆林沟项目立项后放弃。毫不掩饰我是科研外行，因此在项目决策上从不一意孤行，但在思想上始终关注思考和捕捉有利于职能发挥的水保科研项目信息，积极创造条件把论文扎根于感恩多情的土地。为此经过考察学习，成功引种了山西省农科院的欧李7号，但要真正发挥其良好的水土保持和生态经济效益，还须走漫长的路甚至就此终止。这也正是基层水保科研单位欲罢不能、欲作还休所面临的困境。

为尽快摆脱这种事与愿违的困境和无奈，力求把水保科研直接依附和深度融入社会生产之中，坚持走产研结合的路子。于是结合全市油用牡丹产业，同四川华信公司合作开展了油用观赏牡丹研究，期望在平凉产业发展和美丽乡村建设中有所作为。

回想在项目争取上，要么是提不出好的项目，要么是省厅不带经费、市上又捉襟见肘难以立项等各方面原因，使水保科研工作始终处于被动状态。尽管如此，在全所科研人员的共同努力下，从2012年至2018年底，共争取科研经费20万元，完成或结题验收项目10余个。其中新列项目4个、自研项目2个、合作项目6个，省市获奖项目7个，发表科研论文50余篇。这些项目的顺利实施，充分彰显了科研工作职能和服务发展的思想自觉与行动自觉。

三是针对科研所在编在职人员年龄老化，技术力量青黄不接、后劲乏力的情况，着力通过技术合作与外引内育的办法，为单位长远发展培养积聚人才。首先紧盯退休空编人员缺口，先后引进9名年轻科技与管理人员。其次为实验室添置了必要的仪器设备，对泾川官山和纸坊沟径流监测、水文气象设施进行了更新改造和绿化美化提升，实现了径流气象数据自动采集传输，也为科研工作交流合作搭建了平台。同兰州大学资环学院和甘肃农大合作开展了5项科研课题，目的就是通过技术合作，不断提高参研人员的业务能力。同时纸坊沟流域作为兰州大学资环学院协定的教学基地，先后有6名硕士研究生在这里顺利完成了毕业论文，实现了人才培养合作共赢的目的。再次把专业理论扎实，且具有一定工作经历的年轻科研人员从大树荫翳中独立出来，担纲主持科研项目，加快其成长步伐，事实证明这一做法是有效的。同时为留住和培养人才，选择采取以老带新的办法，使年轻科研人员直接参与牡丹欧李等课题研究，在实践中培养人、锻炼人。

第三件事，不断强化基础设施建设，始终把防汛安全作为重中之重，着力从设施提升、制度落实与现代化手段应用三个方面全力保障防汛工作顺利开展。

一是接续完成了二沟人饮和纸坊沟水库除险加固局部冻害工程的全面维修，并顺利通过了国家水利部开展的绩效考核评定。组织实施了投资20万元的高庄坝排洪渠改造，彻底解决了严重影响汛期排洪与坝体安全的问题。

与此同时，把论证实施新的工程项目作为强基固本、再上层楼的主攻方向，积极争取项目资金1 150万元，为进一步提高防洪防御能力提供了资金保障。

第一，2013年争取项目资金67万元，实施完成了八里庙庙沟段道路曲改直"以坝代路"工程，不仅使这一区段的防汛道路更加安全通畅，而且为周边群众便捷通行提供了极大的方便。

第二，2014年争取项目资金20万元，对高庄坝坝体和左肩分别进行了加宽、加高、加固，全部硬化了上坝道路，新修了路肩排洪渠，对有效缓解防汛工作压力发挥了重要作用。

第三，2014年全力组织实施了计划投资972万元（配套自筹50万元未落实）的纸坊沟山洪沟道综治项目。该工程是全省第一批4个重点示范项目之一，在工期紧、任务重的情况下，通过参建各方的不懈努力，按期完成了建设任务,并结合项目实施改良科研用地30余亩。该工程的顺利实施,大力改善提升了纸坊沟流域山洪灾害防御能力，并且为沿岸旅游产业发展创造了良好的投资环境。《平凉日报》专门进行了宣传报道，同时受到了省防汛办与市上领导的充分肯定。特别是小庙沟群众敲锣打鼓向科研所赠送了"认真执行国家政策，尽职尽责造福百姓"的锦旗，这不仅是对我们工作的鞭策鼓舞，更是对纸坊沟山洪沟道综治项目的真诚支持和拥护。

第四，2016年积极争取移民扶持库区道路项目资金60万元，对科研所门前至纸坊沟水库的乡村（防汛）道路铺筑了沥青路面，对路肩排水渠进行了提升改造；同时对八里庙库区吴家庄的村庄道路进行了硬化，为村民出行办了一件实实在在的好事。

第五，2016年争取项目资金44万元，对八里庙"以坝代路"工程排洪渠进行了流向改造。新建了大流量、箱涵式混凝土排洪渠，彻底解决了这一区域汇水面积大、坝容蓄量小、排洪能力弱的问题。

第六，2016年8月，八里庙水库因暴雨侵袭致坝体外坡横向裂缝滑落；更为紧迫的是排洪洞口遭到了较为严重的损坏。为此我们邀请相关专家现场制订抢修方案并全力组织实施，彻底消除了安全隐患。2018年10月，对纸坊沟水库水毁台地护坡和排洪渠适时进行了全面维修。共计投入抢险维修资金20万元。

所有建设项目从前期到竣工验收，按照法定程序严格落实了项目法人制、招标投标制、建设监理制和合同预算管理制度。同时根据项目大小和工期要求，抽组配强工程实施人员，全面实行工程进度、质量安全和工程档案工作责任制，有力保证了项目建设的顺利实施。7年间，共计实施工程项目8个，完成工程总投资1 208万元。

二是不断加强制度建设，从严落实水库管理以及防汛工作各项责任制度。首先修订完善了"两库一坝"安全运行管理制度，以及防汛工作应急抢险预案等相关工作责任制度。其次严格落实了防汛设施汛前安全隐患排查，汛期雨后巡查和日巡检、日记录制度。从严实行了领导带班和工作人员值班值守制度，坚持做到24小时人不离岗、岗不离人，以及汛情报告与安全生产"一票否决"制度的全面落实。同时购置储备了必要的应急抢险物资。再次，当汛期结束后，全面检查维修防汛设施，扎实做好日常管护工作。同时依法终止了老家属院房租合同，彻底消除了潜在的安全隐患。

三是在单位院落与纸坊沟、八里庙水管所、气象园和两个水库排洪口分别安装了监控探头，并在两库排洪口同时辅设夜间照明灯具，实现了

24 小时远程视频监控。于办公室电脑前就可以随时观察到单位院内乃至 4 千米外的监控情况，甚至风吹草动都看得一清二楚。现代化手段的应用，不仅提高了工作效能、降低了人力经济成本，而且对有效防范防汛、科研设施人为破坏发挥了重要作用。

说实话，纸坊沟两库一坝经过多年的改造提升，其防汛功能在正常情况下是绰绰有余的。但当暴雨来临或大雨瓢泼时，我还是心怀不安，总怕工作上不到位发生问题。7 年间，在全所同志特别是防汛人员的辛勤努力下，圆满实现了安全生产零事故责任目标，这使我倍感欣慰和由衷感激设施好、人努力、天帮忙。

我刚到水保科研所时，对科研单位承担极其重要的城市防汛工作很不理解。但后来明白，它其实是科研所演化诞生的摇篮和前世今生。回想我在科研所工作 7 年间，唯有防汛安全方面的工作，曾有国家防汛办、省水利厅和市委市政府的领导现场督察指导，其他方面除扶贫工作，很少有市上领导亲自过问，可见防汛工作对科研所是多么的重要。

2014 年，市委分管领导和市区水务部门的负责同志于纸坊沟水库督察防汛工作时明确要求把水库管理和防汛工作尽快移交崆峒区政府，按属地管理原则领导的意见是完全正确的。当我们在开会研究、层级汇报不愿移交原委的同时，也有人奔波陈述不愿承接的理由。我们注重的是多年付出的"感情"，人家在意的是安全生产的"责任"。最终我们如愿以偿、一如既往地为防汛安全劳心劳力。这件事就其结果而言，到底是对是错、或利或弊，其实都不是我们在当时情况下就能够完全清楚明白的，也不是一件你情我愿或轻而易举的事。

第四件事，积极响应党中央号召，全力以赴开展脱贫帮扶工作。从 2012 年到 2018 年，通过省级脱贫验收，科研所及全所 25 名干部，先后开展实施了华亭县峡滩村、大南峪村和灵台县柳家铺 3 个行政村与 134 户贫困户 491 位贫困人口的脱贫帮扶工作。

一是充分发挥科研单位自身优势，根据帮扶村、贫困户的实际情况积极创造性地开展工作。首先编制完成了华亭县峡滩村村庄建设与产业发展规划。以建设规划指导村容村貌的改善，以产业规划引领农村经济发展。其次总计投入帮扶资金 22 万元，助力帮扶计划的全面实施。开展各类宣传培训 16 次；选编印发惠农政策与饲养种植技术指导手册 400 余本；通过单位购买和干部职工自捐，为村部阅览室捐赠图书 1 200

余册；并为峡滩村协调开通了有线网络信号；捐助电脑15台为村小学专门设置了电脑教学室；对安子社水毁桥涵和沟道护坡进行了加固改造；协助争取项目资金近2 000万元，改造农田2 250亩，新修防洪河堤4千米、田间斗渠4千米、新增喷灌面积400亩、拓建沙化道路8千米、硬化村庄道路2.8千米；引进药材收购客商驻村办厂，使药材种植面积扩大到1 500亩。为支持所派挂职"第一书记"工作，为大南峪村捐赠办公电脑2台，并资助建成了电子商务服务点。再次积极开展送温暖活动，发放米面清油400余袋（桶）、棉被100余床、化肥400余袋、水泥30吨。经过县、乡、村党委政府和我所特别是农民群众的共同努力，峡滩村2017年底实现脱贫。

二是正当脱贫攻坚处于关键时期，2017年8月我所帮扶点从华亭县调整到灵台县柳家铺村。面对更加紧迫的帮扶任务，积极同乡村领导衔接帮扶措施和工作重点。首先结合党的十九大精神学习宣传热潮，专门编辑制作同农村农业农民息息相关的《学习简报》200余份，组织帮扶干部进村入户发放宣讲，不断增强农民群众勤劳致富的决心和信心。其次以短平快项目建设为突破口，投入资金20万元助力建成了农民养殖合作社仔猪繁育中心，可带动6个自然村84户贫困户130多人实现配股分红。再次是投资5万元助力建成了老人幸福院，解决了28人的住房危困问题；同时开展贫困户慰问，发放大米清油120余袋（桶）；举办乡村文化娱乐和脱贫户表彰会，奖发床单被面120余条。2018年底，科研所24名干部帮扶的106户贫困户和柳家铺村全面实现脱贫，顺利通过省级抽查验收。

三是把脱贫攻坚作为密切党群干群关系、改进干部作风、培养锻炼干部的重要途径融入到帮扶工作之中。首先是选优配强"第一书记"，担纲主持帮扶村党支部工作。先后推荐2名具有农业科技知识和农村工作经历的年轻科级干部接续挂职"第一书记"，在基层工作一线经受锻炼。他们长年驻村、任劳任怨，既为脱贫帮扶工作做出了应有的贡献，在繁忙的工作实践中增长了才干。其次是积极配合乡村政府精心制订帮扶工作计划，坚持把"扶贫先扶智、扶智必扶志"和"小康不小康，关键看老乡"的理念贯穿到脱贫攻坚之中，不断激发困难群众脱贫致富的内生动力。再次是把党支部共建创优和贫困户慰问作为密切党群干群关系的有效途径落实到帮扶工作全过程。适时带领全所帮扶干部积极开展"送温暖"活动，把党的关怀体现到人民群众之中。

第五件事，从绿化美化、改善提升单位院落环境面貌入手，致力解决事关单位稳定发展和干部职工工作生活中的困难和问题，全方位多举措创造良好的工作生活条件。

一是对绿植布局进行了相应的规划调整，下决心拆除了前院花坛，新建了后花园、篮球场和羽毛球场。于纸坊沟水管所新建了小型花坛，在花园与花坛和单位院落中，见地植绿、见缝插绿，大量栽植了极具观赏价值的高品质花卉树木；于球场边、花园边、道路边全部密植了卫矛绿篱；沿墙地面栽植了夏天新绿挂壁、秋天红叶烂漫的爬山虎。以绿化美化为手段，着力创建花园式单位。

同时，还硬化了原锅炉房运煤道路；新建了单身职工伙房；粉刷了工会活动室，改造了暖气、灯具；粉刷维修了八里庙水管房及散水地面；更换了家属楼户内上水与户外供暖主管道；翻新了办公楼门厅和家属楼防水屋面；硬化了家属楼地面通道；维修疏通了塌陷淤积的化粪池。全部更新了办公电脑，开通了互联网，添置了照相机、复印机、文件柜等办公设施；构建了电视网络学习平台和幻灯投影装置；安装了饮水净化设施；对大门和门房进行了更新改造。经综合施策，单位的环境面貌和工作生活条件进一步改善提升，总计投资110万元。

二是从干部职工的切身利益出发，下决心解决2号家属楼近20年未能办理房屋产权证的老大难问题。在彻底弄清前因后果和来龙去脉后，便思谋采取了先外后内、以外促内的办法，抽组专门人员着手解决。之所以这样做，说实话我也没有十足的把握，就是为了争取主动。在办理过程中，由于手续不齐全、涉及部门单位多，况且相关政策执行更严格，其难度可想而知。尽管如此，但经过我们将近一年时间的不懈努力，终于办好了所有外部的事，剩下的便是个别住户尚未交清房屋购置费的问题。为此我们又采取了倚众倒逼的方法，使长期悬而未决的产权证办理问题圆满解决。这件事除工作人员的积极努力外，同时感谢相关部门单位我的同事和朋友们，如果没有他们的鼎力相助和关照支持，我也是无能为力的。

三是平凉城区实行热电联供，限期拆除烧煤锅炉的政令出台后，如何解决单位办公楼和家属楼的供暖问题，便是摆在我们面前的头等大事。科研所地处城市边缘，但当供热政策实行后，我们不失时机地申请纳入集中供热范围，确定了实施方案。后来却因换热站选址问题突发变故，使我们如期供暖的热切期盼全然落空。

原本十拿九稳的事，突然变得火烧眉毛。于是又奔波于供热办等相关部门单位，最终在市政府分管领导的特批督促下，供热公司这才勉为其难地提出了板换式供热方案，但前提是必须满足相应的供热规模，否则将以其亏损为由拒之门外。因此，只能同纸坊沟小学"抱团取暖"，这对学校而言当然是一件求之不得的好事，但他们却因资金问题一筹莫展，又通过市教育局进行协调，助力解决了学校的后顾之忧。如期供暖的问题解决了，由此可能引发的不稳定因素消除了。更让人欣慰的是，从此结束了烧煤供暖顾此失彼的责任和压力。同时，因机缘巧合为纸坊沟小学的师生们创造了温暖舒适的教学环境。凭窗凝听孩子们朗朗的读书声，联想起我上小学时常因轮值生火呛烟抹泪的情景，悲悯欣慰之情油然而生。

供暖问题解决之后，孰料想在国家生态环境保护治理深入推进与依法监管的当头，市政府办公室的一份追根溯源，责令限时整改，否则将严肃问责的雨污分流改造督办件，突如其来送到我的面前。这件事马虎不得，更不敢有丝毫的懈怠。于是又马不停蹄经过多方努力，彻底解决了科研所院落、办公楼、家属楼多年来雨污合流的问题。

事无经过不知难，如果说人才引进、产权证办理、监理注销、集中供热、雨污分流等一些矛盾问题的疏化解决，以及项目资金的争取实施和单位环境面貌的进一步改善这些事还值得回忆重述的话，其实唯有产权证办理和集中供热这两件事，犹如十月怀胎的艰辛与一朝分娩的欣喜，因好事多磨才最使我记忆犹新。

第六件事，紧紧围绕科研所职能，优化工作思路、强化目标措施，说实话、办实事、求实效，统筹谋划、协调各方，全力推动各项工作上台阶、上水平。

一是抓学习教育，促能力提升。把学习教育作为能力提升的有效途径贯穿落实到工作实践的全过程；把热爱学习、勤于学习、善于学习作为一种思想境界和精神追求，融入到人生成长的血液中。把政治理论学习同业务学习相结合，党纪法规教育同立德树人相统一，学习成效同职称晋升和干部任用相衔接，努力推进学习型、创新型单位建设。

特别是党的十八大以来，扎实开展了群众路线、"三严三实"、"两学一做"和"不忘初心、牢记使命"学习教育活动，达到了学习教育活动的预期效果和目的。同时充分发挥学委会作用，由科研所高级工程师开展内部学术交流，邀请教授专家进行学术讲座，大力支持科技人员积极参加省、市组织的专业技能学习培训，不断加强业务能力建设。

以社会主义核心价值观学习教育为主题编办《学习简报》66期，内容涉及时政要闻、科技信息、党纪法规和传统文化。坚持成风化人、以文育人，聚焦新时政、弘扬主旋律、传递正能量。于每年"世界读书日"，组织开展读书演讲活动，积极营造学以广才、学以增智、学用相长的浓厚氛围。尤其为年轻同志提供了学习演讲、展现自我的舞台。

通过持续不断的政治业务学习教育活动，全所干部职工的思想觉悟和工作能力进一步提升。从2012年至2018年底，3名同志晋升为正高级工程师，4名同志晋升为副高级工程师，4名同志晋升为工程师，4名年轻干部次递科级领导岗位，40多名干部职工或党员分别受到科研所、市水务局和相关部门的表彰奖励。

二是抓重点带动，促全面发展。坚持以科室为骨干，以重点带动为手段，全面推行了重点工作目标责任考核制。由单位同科室（站）签订《年度工作目标管理责任书》，为全年工作顺利开展提供遵循。年初定任务、年中抓进度、年末严考核，心往一处想、劲往一处使，一级抓一级、全面抓落实，有力保证了水保科研、工程项目、安全生产、精准扶贫、意识形态、党建廉政、信访维稳等各项重点工作，以及干部队伍管理和单位自身建设年年有进步、局部有特色、个中有亮点。7年来，通过全所干部职工的共同努力，为科研所进一步全面健康发展创造了有利条件，奠定了相应基础。

三是抓制度落实，促责任担当。首先把制度建设作为推动工作落实、规范事务管理的重要手段，认真补充修订了学习教育培训、科研项目审查、安全生产监管、绩效考核评定、财务档案管理、后勤事务保障、会议组织程序、决策议事规则等20余项工作事务管理制度，用制度管人管事管物。其次把严格执行制度作为靠实工作责任、强化责任担当的重要举措，贯彻落实到工作学习全过程。充分发挥领导班子带头学习、带头遵守、带头落实制度的表率作用，从严执行一把手四个不直接分管和会议决策末位发言制度；班子成员"谁主管、谁负责"工作制度；以及"三重一大"事项报告、科研项目论证审查和干部职工绩效考评等规章制度。通过以上率下执行制度，人人遵守落实制度，为确保工作成效与单位管理的规范运行，发挥了十分重要的推动保障作用。

四是抓纪律作风，促效能提升。始终把纪律作风建设作为提升工作效能的有力抓手，把效能提升作为推动纪律作风转变的有效途径。持之以恒抓纪律，久久为功强作风，内强素质、外树形象。集体领导与个人分工负责相结合，放手支持班子成员独立负责地开展工作。把工作的安排部署同贯彻落实的有力有效紧密结合起来，努力营造既讲纪律，又讲效率，既有个人心情舒畅，又有统一意志的良好工作氛围。以遵从纪律推动作风转变，以务实作风促进效能提升。

五是抓群团组织，促团结和谐。为充分发挥群团组织桥梁纽带作用，进一步充实加强了所工会、妇委会和学委会工作力量。每年由工会牵头组织，所领导带头参与，积极开展"庆五一、迎五四"职工运动会；以及离退休人员慰问、干部职工体检、住院人员探视、婚丧嫁娶协办等有益于凝聚人心、增进同事情谊的活动。所工会还曾被市总工会评选为全市33个模范职工小家之一。由妇委会牵头，每年组织开展庆"三八"联谊会、座谈会或摄影赛等活动，并积极倡导家庭家教家风建设，推荐表彰巾帼标兵、和谐家庭、平安家庭、孝老敬亲好儿女多名。由学委会牵头，认真履行职称晋升评议审查职能，确保了公开公正公平。全所人员都积极参加了大秦原义务植树活动，一些党员自觉参与了社区义务劳动。通过发挥"三会"作用，干部职工团结互助、服务大局的意识明显增强。

六是抓建班子，带好队伍。始终把领导班子思想作风建设作为引领单位全面发展的重中之重常抓不懈。以建设政治坚定、作风务实、勤政廉洁的领导班子为目标，正人先正己，大事讲原则，小事讲风格，充分发挥领导班子和领导干部凝心聚力、团结共事的引领作用。在党的民主集中制原则指引下，努力提高民主化管理、科学化决策水平和推动落实工作的能力。但在所领导班子配备上，曾先后两次推荐从本单位产生一位班子成员，以化解科研所近20年来未曾提拔县级干部的困局，却因其本人不愿担当和其他因素最终没能实现，这是我最大的遗憾。

与此同时，把抓建班子同带好队伍有机结合起来，坚持把教育引导同正向激励融入到队伍建设之中。在政策原则前提下，竭力从政务、技术序列两方面尽最大努力解决个人待遇问题。以最直接、最有效的办法强化干部职工的向心力和凝聚力。诚恳待人、与人为善是我一贯的处世方式，这方面可以说我们做到了仁至义尽、问心无愧。

第七件事，时刻把党建廉政工作放在心上、扛在肩上、抓在手上、落实在行动上。坚持一手抓党建、一手抓业务，两手抓两手硬、双落实双促进。

一是明确思想认识，提高政治站位。首先从思想上高度注重和充分认识党政军民学、东西南北中，党是领导一切的。没有党的领导，就没有新中国，也就没有中国特色社会主义，更不会有我们今天的幸福生活。因此，我们满怀强烈的思想感情，以党建廉政工作为统领，扎实开展了群众路线等一系列学习教育活动。同时结合科研所实际，认真贯彻落实了党中央、省市委和水务局党组党建廉政工作决策部署，把党建与廉政工作深度融合，以党建促廉政、以廉政促党建。组织干部职工深入学习领会习近平新时代中国特色社会主义思想，切实把干部职工政治理论和党纪法规学习教育抓在日常、严在经常、落实在行动上。牢固树立正确的世界观、人生观和价值观，不断增强"四个意识"、坚定"四个自信"、做到"两个维护"，始终在思想上、政治上和行动上同以习近平总书记为核心的党中央保持高度一致。

二是全面靠实责任，层层传导压力。坚持以严的要求、实的作风、真的担当全面落实党建廉政工作各项责任制度。在落实、落细、落小上花气力、下功夫，不断增强适应新常态、贯彻新要求、落实新举措的思想自觉和行动自觉。严格落实领导班子主体责任、一把手第一责任、班子成员"一岗双责"制度；认真遵守党的"六大纪律"，从严执行中央"八项规定"；严控"三公"经费支出，从节约每一张纸、每一度电做起，积极创建节约型单位；严防"四风"问题发生，从每一件事、每一个人做起，狠抓关键环节，坚持依法办事，从源头上严把关口防微杜渐。常怀律己之心、常修为政之德、常思贪欲之害，在工作、学习和生活的方方面面，力求做到慎独慎微慎始慎终慎友、自警自律自重自省自励。

同时把党建廉政与重点业务工作同安排、同部署、同考核、同落实。根据科研所职能，认真研究制定《年度基层党建和党风廉政建设工作安排意见》与工作行事历。然后由单位同科室签订《党风廉政建设承诺书》、同班子成员签订《党建廉政一岗双责承诺书》、同党员签订《党员教育管理承诺书》，并建立了《科级干部廉政档案》。每年初召开科级干部党建廉政约谈会，年终召开落实汇报会，严格实行目标责任管理制度，全面靠实责任、层层传导压力，做到守土有责、守土尽责。

三是强化阵地建设，确保抓实见效。为充分发挥党支部战斗堡垒作用，先后两次充实加强了党支部工作力量，配备了专职党支部副书记，并成立了3个党小组。重要事项、重点工作全部由党支部会议研究决定，不断增强决策透明度和贯彻落实的有力有效。认真制定了《平凉市水保科研所党支部标准化建设实施方案》，以全市党建统领"一强三创"行动为契机，把强化阵地建设作为基层党建的重要抓手，构建了党员教育管理信息平台，重新改造布置了党建活动室。通过精心设计排版，将党旗、入党誓词、党员义务和"三会一课"、党员学习教育、民主生活会、组织生活会以及民主评议党员、培养发展党员、党费收缴管理等党建工作制度全部喷绘上墙，为进一步规范组织生活，积极营造了浓厚的党建工作氛围。

在具体工作落实上，始终把加强党员干部的学习教育放在第一位，以科学理论武装头脑。定期开展"主题党日"活动，适时邀请市委党校、讲师团教授专家进行理论辅导。所领导带头讲党课，或"七一"建党节期间，组织全所干部职工赴延安等地接受革命传统教育，重温入党誓词、交流学习心得。不定期组织观看革命传统教育专题片或违纪违法典型案例警示教育片。先后组织开展了"政治理论党纪法规知识测试""宪法知识网络竞赛"活动。通过认真学政治、学理论、学法纪、受教育，干部职工和党员的政治觉悟、法治观念、纪律意识进一步增强。严格落实了"三会一课"、民主生活会、组织生活会以及民主评议党员制度，为不断加强党建工作发挥了极其重要的推动作用。积极培养和发展党员4名，为党组织增添了新鲜血液。时刻保持清醒头脑，听党话、守规矩，踏踏实实干事、清清白白做人。

此所谓我的工作回忆录，由于水平有限，只能把我在科研所7年时间与同志们一起所经历的事、所干的工作如实地回忆记述下来，权且作为科研所7年的工作总结回顾，也至少表明我的态度是端正的、认真的。每当想起我在科研所工作期间，虽然不似之前那样终日事务缠身，但还是为了科研所的持续发展与干部职工的切身利益，做了一些力所能及的工作，也与同志们建立了纯朴真挚的同事情谊。在此特别向柳禄祥、郑金瑜同志和全所干部职工7年来对我工作学习的关怀支持表示衷心的感谢！同时真诚祝愿离退休人员和在职同志们身体健康、阖家幸福、事业有成、万事如意！最后为科研所的发展鼓掌，为科研所的进步喝彩！

平凉市水土保持科学研究所在平凉地区首次引种栽植欧李（钙果）获得成功，鲜艳的欧李花或含苞待放、或含笑盛开，象征着他们的水土保持科研事业就像满含希望的欧李花一样正在向着高质量发展的目标迈进。

平凉市水土保持科学研究所志（1954—2020）

附录二　发展展望

夯实使命担当 续写时代篇章

平凉市水土保持科学研究所所长、书记 宋永锋

盛世修志，是中华民族的光荣传统。华夏文明能够绵延传承五千多年而无断代，志书可谓功不可没。

新中国成立后，毛泽东主席对黄河的事情高度重视，他说"没有黄河就没有中华民族"。1952年他在第一次视察黄河的时候发出了"要把黄河的事情办好"的伟大号召，从此开启了新中国治理黄河和大规模水土流失治理的伟大事业。平凉市水土保持科学研究所就在这个大背景下应运而生，至今走过了66年不平凡的历程。

在党的领导下，中国特色社会主义进入了新时代。脱贫攻坚取得了决定性的胜利，乡村振兴战略全面实施。在"十三五"收官、"十四五"开局，实现中华民族伟大复兴中国梦的新征程开启之际，我们决定编修《平凉市水土保持科学研究所志（1954—2020）》，纪念先辈们在平凉这块黄土地上治山治水的光辉业绩，弘扬他们水土保持科研创新的历史贡献，发扬他们扎根一线艰苦奋斗的优良作风，庆祝我们伟大的党成立100周年。

平凉市水土保持科学研究所自1954年成立以来，在小流域治理、坝系建设、科研创新、合作交流和单位建设等方面取得了辉煌的业绩，单位和个人多次受到国家、省（部）和市上的表彰和奖励，各级领导对我所的水库防汛和科研工作也给予了高度重视和支持。

回顾平凉市水土保持科学研究所发展奋进的历史，我为前辈们的艰辛付出和做出的优异成绩而深感敬佩；回想一年来参与《所志》编修的同志，以实事求是、尊重历史、高度负责的工作态度，怀着对水保科研事业的赤诚之心和对前辈们的崇敬之情，广泛查阅资料、多方走访考证，用很短的时间就编纂完成了《所志》文稿，并且即将刊印出版，我甚感欣慰。值此《所志》付梓之际，应所志编修人员之约，就我所水保科研事业发展做个粗浅的展望。

2019年8月，习近平总书记在视察甘肃期间明确指出："甘肃是黄河流域重要的水源涵养区和补给区，要首先担负起黄河上游生态修

复、水土保持和污染防治的重任。共同抓好大保护、协同推进大治理，甘肃责任重大、使命光荣"。这是习近平总书记对我们发出的新时代的号召。

2019年9月18日，习近平总书记在郑州主持召开了黄河流域生态保护和高质量发展座谈会并发表重要讲话，做出了加强黄河治理保护、推动黄河流域生态保护和高质量发展的重大部署，为今后黄河流域的水土保持工作做出了顶层设计。

面对新机遇新任务，平凉市水土保持科学研究所应当继往开来，在黄河流域生态环境保护与高质量发展、实施乡村振兴战略中有所作为，做出自己应有的时代贡献。

立足新时代，贯彻新理念，构建新格局。我所科研工作要紧扣全市水利水保事业发展需求，明确工作思路、目标和重点任务，全面推进科研创新，更好地服务于全市水土保持生态建设和经济社会高质量发展。

第一，坚持以习近平生态文明思想和在黄河流域生态保护与高质量发展座谈会上的讲话精神为指导，贯彻"节水优先、空间均衡、系统治理、两手发力"的治水思路，按照省、市委加快推进生态文明建设的安排部署，充分发挥水土保持科技支撑、典型带动、科技示范和科普宣传的作用，积极探索切合我市水土流失治理的成功经验，紧紧围绕水土保持生态修复理论与技术研究，加快推进生态清洁小流域建设、美丽乡村建设、水土资源优化配置、城市城镇水土流失防治、智慧水土保持建设等方面的课题研究，为构筑陇东黄土高原生态安全屏障、建设绿色开放幸福美好新平凉提供有力技术支撑。

第二，牢固树立尊重自然、顺应自然、保护自然的生态文明理念，立足我市水土资源特点，对接落实国家、省、市水土保持规划对平凉水土保持生态建设与高质量发展提出的目标与任务，跟踪国家水土保持科技发展前沿动态，坚持重点突出、项目带动、多点创新、示范推广相结合，统筹我所水土保持科研创新能力和设施设备条件，紧密结合全市巩固脱贫攻坚成果和实施乡村振兴战略安排，开展前瞻性水土保持科研项目的调查研究和论证，及时推广水土保持生态建设研究的新成果、新技术，助推产业结构优化、农民增收、水土资源潜力挖掘，为生态环境建设和乡村振兴与经济社会高质量发展做出应有的贡献。

第三，紧密围绕黄河流域生态保护与高质量发展主题，在持续抓好水土流失规律及小流域综合治理等定位定点监测和试验研究的同时，紧紧围绕黄河流域生态保护与高质量发展这一主题，以构建平凉关山—太统山生态安全屏障为总目标，以保护和合理利用水土资源为主线，探索水土保持科技在乡村振兴战略中的地位和作用，发展和丰富小流域综合治理模式研究，突出生态清洁小流域建设与功效评价研究；以水土保持生态自然修复为导向，开展生态系统自我修复能力与减控水土流失规律研究；以促进水资源优化配置为目的，开展水资源可持续开发利用、承载力、农作物需水量、灌溉模式及灌溉制度试验研究；以加强前沿性技术引进和创新研发，开展智慧水土保持及信息化监测技术研究；由单纯的调查总结、试验研究，开展向引种栽培、示范推广、服务培训、提质增效相结合转化；结合我市新时期经济社会发展的新要求，分析总结和推广不同地貌类型区水土保持在脱贫攻坚、乡村振兴、生态建设等方面既有典型经验和模式；综合组装水土保持与农业实用技术，适时解决水土资源产业化开发中的关键性技术问题。

第四，强化措施保障，促进目标实现。一是以实施乡村振兴、黄河流域生态保护和高质量发展两大国家战略为切入点，抢抓机遇，拓展研究领域，选好一批科研项目，创新一批关键技术、推广一批实用技术。二是与建设"水土保持与乡村振兴、水土保持与陇东泾渭河上游生态安全屏障"规划实施相结合，组建培养科研创新团队，提升自主创新能力。三是加大人才引进和培训力度，培养一支能够全面承担省市水利水土保持生态建设专项规划、可行性研究、水土流失监测与科学研究等方面的人才队伍，促进人才成长，使科研人才结构更趋合理，增强事业发展后劲。四是着力打造好纸坊沟流域水土保持科技示范园，实施好纸坊沟流域水土流失综合观测站优化布局工程建设，逐步健全典型小流域径流泥沙观测站网，完善试验基地的基础设施及自动化设备，科研基础测试平台得到有效提升，科研条件进一步改善。五是进一步强化与科研院所和高等院校的交流协作，提高科研能力和成果水平。六是创新产学研模式，努力形成科研单位创新、经营实体推广、政府部门促进的科研创新与成果转化的产业化发展模式，增强服务生产促进经济社会发展的科研创新能力。坚持改革创新，推进强所建设，逐步将我所打造成"市内一流、省内知名、国内有影响"的综合性科研机构。

新时代赋予新使命，新使命召唤新精神。我们要以习近平生态文明思想为指导，坚持"绿水青山就是金山银山"的发展理念，围绕"黄河流域生态保护和高质量发展"战略目标，坚持我所"党建统领，人才支撑，科研为本，实干创优"工作思路，把握好谋划好落实好新时期水土保持科研事业的发展方向和目标任务，不忘初心、牢记使命，继往开来、努力奋进，在广袤的平凉大地上续写出新时代平凉市水土保持科学研究所水土保持科研事业的新篇章。

庆祝"三八"妇女节学习《民法典》普法讲座

"党史学习教育"主题党日活动重温"入党誓词"

"学党史、庆五一"职工文艺表演

"三区人才"走基层

科研人员在试验地观测数据

科研人员在试验地观测数据

新建智能日光温室

全体党员开展"党史学习教育"集体研讨交流

平凉市水土保持科学研究所办公实验楼

平凉市水土保持科学研究所职工家属楼

平凉市水土保持科学研究所篮球场一角

党的建设永远在路上

科研工作新思路

后 记

修编方志是中华民族的优良文化传统，是中国特色社会主义文化建设的重要组成部分，具有不可替代的资政、存史和育人的作用。

平凉市水土保持科学研究所根据中共平凉市委、平凉市人民政府平发〔2020〕9号文《关于加强地方志工作的意见》通知精神，为了全面、真实、准确、客观地反映自建所（站）以来的光辉发展历程，充分展示科研工作成果，经2020年6月2日所党支部会议研究，决定编修《平凉市水土保持科学研究所志（1954—2020）》，并成立了由所长宋永锋任主任，副所长柳禄祥、王学功、李清平任副主任，所属各科（室、站）和有关部门同志为成员的编辑委员会，负责《所志》编撰工作。聘请市地方志办公室原主任魏柏树、市水保科研所原所长毛泽秦担任编撰顾问，聘请长期在单位工作并熟悉情况的原办公室主任薛银昌担任主编参与《所志》编写工作。

《所志》编辑委员会高度重视《所志》的编纂工作，具体负责《所志》编写的薛银昌、姚西文及时学习有关志书编写体例规定，并以平凉市水土保持科学研究所各项事业的发展历程和特点为基础，于6月下旬编制了《所志》大纲初稿，经广泛征求编辑委员会主任、副主任、委员和顾问的意见后，通过反复修改，三易其稿，最终形成《所志》编纂大纲。随后，拟定发放了所史资料征集倡议书，向全所干部职工、离退休同志以及曾经在水保科研所工作过的老领导征集资料。按照确定的写作班子，按照大纲对《所志》编写人员进行了分组、分工，明确了各自的任务和职责，开始进入紧张的编写工作。

第一组编写人员由薛银昌、王可壮、李建中、冯虹、吴昊、路娅楠、刘会霞、赵强8人组成，负责完成了凡例、概述、大事记、第一至四章共10节内容的编写，由薛银昌任组长负责并指导本组的工作。凡例、大事记、第一章第一、二节和第二章中部分人物简介初稿撰写由薛银昌完成；王可壮完成了概述、第二章第一节、第三章、第四章的初稿撰写和本组第一稿编排工作；第一章第三节由薛银昌、王可壮完成；第二章信息资料统计由李建中完成，吴昊、刘会霞、冯虹、路娅楠完成了资料查阅；路娅楠、赵强完成了本组部分资料的录入打印。

第二组由姚西文、汝海丽、何倩、韩芬、王工作、豆巧莉、王安民7人组成，负责完成了第五至九章18节内容的编写，姚西文任组长负责并指导本组的工作。第五章的资料查阅收集由汝海丽、王工作、豆巧莉、何倩、韩芬完成，由汝海丽和王工作撰稿；第六章由豆巧莉承担完成资料查阅和撰稿；第七章由汝海丽承担完成第一节、第二节的资料查阅和撰稿，何倩承担了第三节、第四节资料查阅、汇总和撰稿，韩芬承担完成了第五节资料的查阅、汇总和撰稿；第八章由王安民、何倩、韩芬完成资料收集，王安民撰稿；第九章由姚西文完成第一节的资料收集及撰稿，第二节、第三节由何倩完成资料查阅、汇总和撰稿，韩芬完成第三节的资料查阅、汇总和撰稿。由姚西文和汝海丽完成本组第一稿的编辑编排工作，由姚西文完成本组文稿的补充、修改，卷首、卷尾及各章名的插图收集整理和配文。

《所志》文稿的统稿和初编初排工作由姚西文承担并完成。

在《所志》编写过程中，编写人员查阅了单位存档的各类人秘、工资、科技档案，查阅了平凉市委组织部、平凉市档案馆、崆峒区委组织部、崆峒区地方志办公室有关档案，走访了曾经在单位工作过的老同志，还参阅了《平凉市水利志》《平凉市科技志》等多部专业文献和成果资料汇编，经过对大量资料的汇总整理和撰稿，历经一年多时间，于2021年7月初完成了《所志》编写任务，向《所志》编辑委员会提交了《所志》初稿。

2021年8月初，《所志》编辑委员会召开会议，听取了《所志》编撰工作进展情况汇报，讨论研究了编撰过程中出现的问题，提出了修改意见，决定补充"项目建设与成效"一章内容。随后《所志》编辑人员按照会议确定的修改意见进行了补充、修改和完善。修改完善后的《所志》一审修改稿于9月18日再次印发给编辑委员会各成员和顾问征求意见。10月11日由编辑委员会主任宋永锋再次召开审查会议，会上大家对二审稿又提出了很好的建设性修改意见和建议，会后再次进行了修改完善。再次修改的《所志》文稿由顾问魏柏树、毛泽秦最终审核定稿后交付刊印。

《平凉市水土保持科学研究所志（1954—2020）》编辑出版是编辑委员会全体成员、编写人员和资料提供人员集体劳动的成果，同时也凝聚着所领导的高度重视和关怀。宋永锋对《所志》编写工作极为关注和重视，多次主持召开《所志》编写工作推进会，对《所志》编纂提出了很高的要求。分管《所志》编写的柳禄祥多次主持召开《所志》编写人员会议，随时研究、协调、解决《所志》编写过程中出现的具体问题。魏柏树、毛泽秦对文稿进行了认真审阅，提出了宝贵的修改意见和建议。黄河水利出版社对文稿也进行了认真的审阅和校对。在此，谨向各位领导、专家和全体编辑人员以及出版社表示衷心的感谢！

　　《平凉市水土保持科学研究所志（1954—2020）》的编撰费时费力，尽管我们坚持以严谨求实的工作态度，力图全面、准确、客观地反映平凉市水土保持科学研究所66年来取得的重大成就，但因志书编写具有很强的专业性和规范性，参与编写的同志又都是本所管理干部和专业技术人员，这方面的知识欠缺，实践经验不足、文字功底有限，难免还有很多错误和遗漏之处，敬请各界读者朋友提出宝贵的批评意见和建议。

编　者

2022 年 3 月